용돈 교육은
처음이지?

용돈 교육은 처음이지?

고경애 지음
최선율 그림

한국경제신문i

프롤로그

"내 지갑은 어디로 갔을까?"

내가 13살 때의 일이다. 그때만 해도 부모님이 용돈을 주시는 일은 흔하지 않은 때라 용돈을 받을 기회는 친척이 방문하거나, 명절 때 외엔 거의 없었다.

9월 추석 무렵 내 생일이 돌아왔다. 언니들은 내게 분홍색 동전 지갑을 사주며 용돈을 담아 보관하라고 했다. 난생처음 받아보는 지갑이 신기하기만 했다. 그 당시 인기가 하늘을 찔렀던 만화 주인 공 '캔디'가 그려져 있는 동전 지갑이었다. 어찌나 좋았던지 추석에 친지에게서 받은 용돈 중 3,500원을 넣어 엄마, 언니와 읍내 시장에 갔다.

딸만 넷인 집안의 셋째인 나는 위로부터 내려오는 옷을 물려받아 입었다. 옷 살 일이 거의 없는 데다 속옷이며 가끔 필요한 옷도 엄마가 대신 사주셨기에 시장 구경은 별난 세상이었다. 어찌나 신기하던지, 알록달록 색깔 과자며, 도넛, 찐빵이 달콤한 냄새를 풍기며 나를 유혹했다. 그 맛있는 먹거리에도 눈을 질끈 감았건만 내 발걸음을 멈추게 한 곳은 머리끈이며 머리핀, 거울 등이 즐비한 곳이었다. 나는 머리띠도 해보고, 머리핀도 꼽아보며 이것저것 구경을 하느라 정신이 나갈 정도였다. 생전 구경조차 못 했던 세련된 모자들도 많았다.

예쁜 장신구에 정신을 놓고 한참을 고민하다 마음에 드는 머리띠 하나를 골라 계산하려는데… 뭔가 이상하다. 방금 전, 물건 위에 올려놓았던 내 분홍색 캔디 지갑이 사라진 것이다. 웃옷 주머니에 손도 넣어보고, 바지 주머니도 찾아봤지만, 생일 선물로 받은 분홍색 지갑은 그 어디에도 없었다.

그제야 장신구에 빼앗겼던 정신이 돌아왔다. 내가 정신없이 장신구들을 보고 있는 사이, 누군가 내 지갑을 가져가버린 것이다. 3,500원이나 들어 있던 내 지갑을 말이다. 지금 기준으로 3,500원은 적은 돈이지만, 1980년대 당시 자장면 한 그릇 가격이 600~700원이었으니, 13살 아이에게는 큰돈이었다. 생전 용돈이라고는 받아본 적이 없는 내가 처음으로 받은 귀한 돈이었는데 말이다.

그날 이후 나는 돈을 챙길 줄도 모르는 못난이가 되어버렸다. 도둑이라는 건 텔레비전에서 보거나 말로만 들었지, 내 돈을 훔쳐가리라고는 꿈에도 생각하지 못했기에 이 억울함을 하소연할 길이 없었다. 물건을 사는 것도 미숙했고, 도둑이 바로 곁에 있을 수 있다는 것조차도 모르는 순진한 아이였다.

어렸을 때 경제 교육을 경험하지 못한 나는 돈 관리를 미리 경험해볼 기회조차 없었으니 돈은 있으면 쓰고, 없으면 그만이라는 안일한 생각이 머릿속에 자리 잡고 있었다. 돈을 어떻게 관리해야 하는지 몰랐던 나는 직장생활을 하면서도, 결혼생활 초기에도 돈 관리에 큰 어려움을 겪었다. 하지만 경제적 자립심이 강했던 남편의 영향으로 염격히 돈 관리를 하기 시작했고, 힘들게 경제 독립 시기를 겪다 보니 내 자녀에게만큼은 경제 교육을 잘하고 싶었다.

큰아이에게 용돈 교육이 필요하다고 느끼던 때, 제1회 '씨앗과 나무 어린이 경제 학교' 행사에 참여하게 되었다. 아이들은 이 행사에서 상점 주인이 되어 쿠키를 판매해보는 경험을 하게 되었다. 구연동화 《세 개의 잔》을 들으며 경제 교육에 대한 자극을 받게 되었고, 7년째 꾸준히 모으기, 쓰기, 나누기 통장을 실천하고 있다.

당시엔 경제 교육을 하기 위한 절박함으로 시작했는데, 그동안 마법 같은 일이 많이 일어났다. 2018년 1월, 아이들이 모은 용돈으로 항공권을 구매해 제주도 여행을 다녀왔고, 3년 동안 모은 100만 원으로 항공권을 구매해 꿈꾸었던 미국 여행과 뉴욕에 사는 친구를 만나고 왔다.

올바른 용돈 교육은 어린이들의 바람직한 경제 습관이 되고, 삶의 활력과 기쁨을 가져다준다는 것을 온몸으로 느낄 수 있었다. 두 아이는 지금 또 다른 꿈을 꾸고 여행을 계획하며 용돈을 차곡차곡 모으고 있다.

어린이 경제 학교의 경험이 경제 습관 씨앗이 되어 초등학교, 도서관, 복지관 등에서 진행하는 '얘들아, 경제랑 놀자' 프로그램 운영과 강의를 이어가고 있다. 나는 학생들에게 강의를 할 때 늘 이렇게 말한다.

"경제를 아는 건 신나는 모험을 하는 거야. 모험을 떠날 준비가 되었니?"

경험은 산 공부라고 했던가? 어릴 때부터 시작한 모으기, 쓰기, 나누기 경험은 습관이 되었다. 습관이 된 후에는 누가 말하지 않아도 몸으로 체득된 경제적 안목을 갖게 된다. 용돈 교육은 거창하게 시작하는 것이 아니다. 모으기, 쓰기, 나누기의 기본만 잘해도 99% 성공이다. 그렇다면 나머지 1%는 무엇일까?

그것은 자녀가 앞으로 자랄 때까지 99%를 잊지 않는 것이다.

이 책은 몇억 원을 벌었다고 자랑하는 책이 아니다. 돈을 많이 벌 수 있다고 알려주는 책은 더더욱 아니다. 경제에 무지했던 어리석음을 깨닫고 지혜롭게 티끌부터 모아 관리하고, 기회를 만들어 태산이 되기 위해 한 걸음씩 도와주는 경제 실천 책이다.

내 이야기를 발굴해주신 두드림미디어 한성주 대표님과 글을 깎고 다듬어 빛이 날 수 있도록 도움을 주신 최윤경 팀장님께 깊은 감사를 드립니다.

행복한 시간을 선물해준 사랑하는 남편과 두 아이에게 이 책을 바칩니다. 그리고 용돈 관리를 잘 할 수 있도록 용돈과 기도로 응원해 주신 많은 분들께 감사의 마음을 전합니다.

도서관 방구석에서
고경애

목
차

1장

얘들아!
경제랑 놀자

우리는 모두 작은 그 무엇에 불과하다.
하지만 언젠가 목표를 이루어
위대하게 될 작은 한 사람이다.
나도, 당신도, 우리의 모든 아이도….

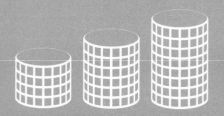

01

얘들아!
경제랑 놀자

경제 학교를 준비하던 학부모회 자모들이 교장실에 모였다. 경제 학교 행사 계획을 말씀드리고 있는데, 학생들이 지참하는 돈을 얼마로 할 것이냐를 놓고 의견이 분분했다. 학교에서는 분실의 위험도 있으니 현금을 사용하는 시장 놀이는 할 수 없다고 했다. 필요하다면 현금만큼 쿠폰으로 교환해 사용하면 된다는 의견이었다. 하지만 학부모회에서는 쿠폰 교환은 행사의 뜻과 너무 달라 교장 선생님이 마음을 바꿔달라고 설득했다. 결국 교장 선생님은 이렇게 말씀하셨다.

"그럼 3,000원 이상은 절대 안 됩니다."

학생들에게 현금을 사용할 때, 잃어버리지 않도록 단단히 교육하겠노라 약속하고 현금 3,000원 지참으로 결재 도장을 받을 수 있었다.

시골 학교의 특성상 학생들이 물건을 사고파는 경험을 하기 어려웠다. 물론 집 근처에서는 가능하겠지만, 하교 후 학교 앞에서 군것질을 한다거나 준비물을 빠뜨려 부랴부랴 문방구에 들리는 일은 애초에 경험할 수 없는 산속 학교다. 이를 안타깝게 여기던 학부모회에서 내가 자녀들의 경제 학교 참여 경험과 용돈 관리를 남다르게 하고 있음을 알고 행사를 요청했다.

'얘들아! 경제랑 놀자' 프로그램은 그렇게 시작되었다.

경제 놀이터* 행사 당일, 약속대로 학생들은 3,000원을 지참하고 등교를 했다. 새벽같이 움직이며 분주히 준비하던 자모들은 바빠지기 시작했다. 처음 해보는 행사기도 했지만, 자모들이 동화 《세 개의 잔》 블랙라이트 공연, 물건을 사고파는 경제 놀이터와 경제 강의, 퀴즈 활동까지 일사불란하게 움직여야 했다. 경제 시장 원리를 쉽게 설명하는 강의가 끝난 후, 학생들은 각자 판매할 물건들을 들고 쏟아져 나왔다. 미리 정해놓은 구역에 순서대로 앉도록 지도하고, 잔돈이 필요한 학생들은 교환할 수 있도록 은행도 차려 놓았다. 혹시라도 돈을 가져오지 못하는 학생을 배려하는 차원에서 최저임금의 학생 봉사자도 배치했다.

예상했던 대로 학생들은 1시간 30분의 짧은 시간이지만, 다양한 물건들을 팔았다. 쿠키, 음료, 책, 장난감, 인형, 부모님이 쓰지 않는 물건들, 학용품 등. 팔 것이 없다며 게임을 계획해서 파는 학생, 친구들과 짝을 이루어 네일 샵을 운영하는 학생, 멋진 옷을 대여해주고 사진을 찍어주며 추억을 판매하는 학생도 있었다.

막상 경제 놀이터가 펼쳐지니 선생님들도 흥미진진하게 즐겼고, 학생들은 자신의 물건을 파는 일에 온 힘을 다했다. 활발한 시장 운영을 미처 예상하지 못한 학부모는 놀랍다며 감탄하기도 했다. 경제 놀이터가 끝나고 자신이 번 돈의 일부는 기부함에 넣었다. 셀러는 돈을 벌게 해준 대가로 500원, 1,000원 등 자유롭게 기부에 참여했다. 돈이 없어 물건을 사지 못하는 학생이 혹시라도 상처받지 않도록 학부모회에서 문구류를 100~200원으로 아주 저렴하게 판매했고, 음료와 과자 한 개씩은 선물로 나눠주었다.

결과적으로 경제 놀이터는 학생들에게 경험하게 해주고 싶었던 것을 이루는 대성공을 거뒀다. 학부모들의 평가회를 마치고 우리는 다시금 교장실에 모였다. 교장 선생님의 칭찬은 말씀을 나누는 내내 이어졌고, 다음에는 3,000원이 아니라 5,000원, 10,000원을 가져와도 좋겠다고 했다. 이후 그 학교에서 두 번을 더 진행하게 되었고, 추후 들려온 이야기로는 경제 놀이터를 하고 싶어 전학을 온 학부모도 있을 정도로 그 효과가 좋았다.

돈의 흐름이 어떻고, 역사가 어떻고 하는 이론만 가지고 '경제 교육'을 하는 데는 한계가 있다. 하지만 직접 몸으로 체득한다면 자연스럽게 돈의 흐름도 알게 되고, '어떻게 하면 더 잘 팔까?', '더 싸게 살까?'를 고민하며 자연스럽게 시장의 원리를 이해하게 된다. 이런 경험을 해본 후, 경제 교육을 이론적으로 설명해준다면, 그 효과는 굳이 말로 하지 않아도 알 수 있다.

> * 경제 놀이터 : 학생들에게 합리적이고 건전한 소비 문화를 조성하고, 근검·절약하는 생활을 다지기 위한 경제 교육에 많은 도움이 됩니다. 학생들이 판매자와 소비자가 되어 물품을 직접 사고파는 활동으로, 저축·소비·나눔을 배우고 실천하는 경제 문화 실현의 장입니다.

02
—

경제 교육은
부모가 먼저입니다

'얘들아, 경제랑 놀자' 프로그램을 시작하게 된 것은 시골 작은 학교에 있는 지인의 요청으로 학부모 회의에 참석하게 되면서부터다. 신학기라 그해 학부모회에서 학생들을 위해 어떤 사업을 할 것인지를 놓고 의논하는 자리였다. 성공적으로 이어오던 기존의 프로그램도 있었지만, 새로운 프로그램을 시도하고 싶다고 했기에 나는 아이들과 성공적으로 이끌어온 용돈 교육에 대해 들려주게 되었다.

그 당시 아이와 세 개의 저금통을 만들어 꾸준히 관리하고 있었고, 저금통이 통장 관리까지 이어지게 된 과정을 소개했다. 용돈 교육을 위해서는 마켓을 함께 운영해보면서 돈의 흐름을 체득하면 높은 교육 효과를 가져온다고 말했는데, 자모들의 반응이 의외로 좋았다.

시골 산속에 위치한 학교 주변에는 그 흔한 문방구, 구멍가게도 없다. 등하교 시 어린이들은 주로 통학버스를 이용하거나, 부모님이 자가용으로 이동을 도와야 했기에 학교가 끝나자마자 곧장 집으로 갔다. 아이들이 물건을 직접 사보는 경험의 부재에 대해 안타까운 마음을 갖고 있던 터다.

사실 도심은 학교와 집 주변에 오락실, 피시방, 문방구, 마트, 편의점 등이 즐비하다. 소비의 기회가 없는 게 아니라 너무 많아서 오히려 절제가 안 된다며 경제 교육의 어려움을 토로하는 엄마들이 많았다. 하지만 이곳 시골의 자모들은 소비의 경험을 가질 기회조차 없다며 안타까움을 말해주었다. 자모들의 마음이 이해가 되었다.

내가 도심에 주거할 때의 일이다. 전업주부의 생활을 벗고 일을 시작할 즈음, 두 자녀를 맡길 곳이 없었다. 일주일에 두어 번이었지만, 귀가를 부탁할 곳이 없었다. 물론 부탁한다면 몇 번은 가능하겠지만, 매주 부탁한다는 건 피차 불편한 일이다. 이 상황에 대해 아이들과 의논한 결과, 약간의 간식 사 먹을 비용만 주면 걸어서 근처 도서관으로 가겠다고 했다. 용돈을 주며 지켜보니 학교 문방구에서 뽑기도 하고, 근처 분식집에서 컵떡볶이도 사 먹으며 즐겁게 귀가했다. 특히 아이스크림을 하나씩 손에 들고 도란도란 이야기를 나누며 귀가하는 날은 시원한 아이스크림을 먹는 재미에 일찍 도착하는 것이 아쉬웠다며 엄마에게 재잘재잘 이야기를 들려주었다. 엄마가 귀가를 도와줄 수 없는 날이지만, 아이들은 간식 먹는 재미에 둘이 귀가하는 것을 즐기기도 했다.

한번은 남편이 출장 가는 길에 집 근처 도로를 지나가는데, 두 아이가 하교하며 사이좋게 걸어가는 것을 보고는 기특한 마음에 사진을 찍어서 내게 보내기도 했다. 훌쩍 자란 아이들은 그때가 참 재미있었노라고 회상하며 웃는다.

시골 학교 학부모 회의에서 기존 활동과 새로운 활동으로 의견이 조금 갈리긴 했지만, 결국 최종적으로 경제 학교의 전반적인 부분을 배우고 경험하고 싶어 했다. 행사계획을 세우던 날, 나는 아이들이 경제 습관을 체계적으로 갖추기 위해서는 부모 교육도 필요하다고 이야기하며 부모 교육을 1~2회 포함해야 한다고 했다.

그때 한 어머니가 말했다.

"돈 공부, 학생들만 시켜주세요. 예산도 부족할 수 있고, 학생들만 잘 가르쳐주시면 됩니다."

예산의 이유는 이해가 되지만, 경제 교육에 있어서만큼은 부모가 먼저다. 부모가 알아야, 특히 엄마가 알아야 아이의 용돈 관리를 지속할 수 있다. 꿈 저금통이나 용돈 교육을 하다 보면 참으로 안타까운 것이 이 부분이다. 아이만 교육하면 부모의 협조가 뒤따르지 않아 일회용 교육으로만 끝나는 경우가 많다. 아이만 교육하게 되면 경제에 대한 부모와의 소통은 불통이 된다.

아이와 함께하지 않았을 때, 소통이 단절되는 경우를 살펴보자.

첫 번째는 아이가 보고 싶어 하던 애니메이션 영화를 보러 갔을 때, 보호자는 돈이 아깝거나 좋아하지 않는다는 이유로 아이만 보게 하는 경우가 많다. 영화를 보고 난 아이는 신이 나서 이야기를 하지만, 어른들은 어떤가? 아이가 왜 신나는지, 어떤 장면이 그렇게 좋았는지 그저 듣기만 할 뿐, 아이의 감정을 이해할 수 없다. 그 이유는 내용을 모르기 때문이기도 하지만, 영화를 보며 느꼈을 감정이입을 알 수 없기 때문이다.

두 번째는 놀이기구를 탈 때다. 오르락내리락 놀이기구를 타는 아이는 심장이 뛴다. 즐거운 비명이다. 놀이기구를 타고 내려온 아이는 잔뜩 상기된 목소리로 재미있었다고 말하지만, 함께 경험하지 않은 보호자는 똑같은 감정을 느낄 수는 없는 것이다.

한 센터에서의 일이다.

"애들아, 오늘은 선생님이 용돈 관리에 대해 알려주려고 해"라고 말하니, 아이들의 절반 이상이 자신은 용돈을 받지 않는다고 한다. 하지만 그렇다고 돈을 받지 않는 건 아니란다. 아이가 학용품을 산다고 하면 가격을 물어보고 대충 지갑에서 돈을 꺼내주는 방식이다. 아이는 부모가 주섬주섬 꺼내준 돈을 가지고 필요한 물건을 산다. 그 후, 잔돈은 군것질하거나 흐지부지 없어지는 경우가 많다. 이 돈을 요긴하게 나누어서 관리하는 어린이는 열에 한두 명

정도다.

용돈 교육은 강의가 2할이요, 나머지 8할이 실천이다. 꾸준히 이어갈 실천이 더 중요하다. 이렇게 체득된 경제 습관은 용돈을 받음과 동시에 돈의 흐름이 머릿속에 자연스럽게 그려지게 만든다. 이것처럼 신나는 마법이 또 있을까?

03

___

내 아이 경제 감수성,
왜 중요할까?

당신에게 지금 10억 원의 돈이 생긴다면 어떻게 할 것인가?

집을 살 것인가?

사고 싶었던 멋진 외제 차를 살 것인가?

아니면, 안전하게 은행에 저축할 것인가?

그것도 아니면, 주식에 투자할 것인가?

경제 감수성이 높은 사람은 돈 관리가 습관화되어 있어 이런 갑작스러운 상황에도 감각적으로 반응하게 된다. 반면 경제 감수성이 낮은 사람은 갑자기 생긴 돈을 어떻게 관리해야 할지 몰라 헤매게 된다. 내 경우가 그랬다. 어린 시절 용돈이라고는 받아본 적이 없어서 어떻게 관리해야 하는지, 어떻게 써야 하는지조차 순서 없이 뒤죽박죽이었다.

여기서 말하는 감수성은 외부 세계의 자극을 받아들이고 느끼는 것으로, 흔히 문학에서의 예술적 감성의 풍부함을 말한다. 감성은 어떤 대상에 있어서 지적 판단을 하는 것보다 더 빠른 감정적 반응을 의미한다. 감정적 반응은 어른보다 이성이 덜 발달한 청소년에게 더 잘 나타난다. 나는 이것이 감정이라는 것에 국한되었다고 생각하지 않는다. 경제라는 외적 자극에 지적 판단보다 더 빨리 반응할 수 있다면 당연히 가르치고 배워 올바른 판단을 할 수 있어야 한다. 이것은 경제적 분별력을 의미한다. 즉 sensitivity(감성, 감정)라는 단어보다 sensible(분별 있는, 합리적인)의 의미가 더 적합하다. 합리적 분별을 할 수 있는 경제 감수성은 지나치다 싶을 만큼 강조할 필요가 있다.

사람들은 물건을 구매할 때 선택과 결정에 어려움을 느낀다. 몇 개의 물건을 놓고 무엇을 선택해야 할지 모르는 경우다. 단순히 짬뽕과 짜장 중에 뭘 먹을지 결정하는 단순한 의미가 아니다. 매사 의사결정을 할 때, 스스로 선택하지 못해 친구에게 물어보거나 SNS에 도움을 청하는 글들을 심심치 않게 본다. 이것이 심해질 경우, 햄릿 증후군을 일으키기도 한다. 햄릿 증후군이란, '죽느냐! 사느냐!' 하는 심각한 상황에서 갈팡질팡 결정하지 못하는 것을 비유한 말이다. 현대 사회는 넘쳐나는 정보를 거르지 못하면 그 어느 것 하나 결정하지 못하게 된다. A를 선택하자니 B가 생각나고, B

를 선택하자니 C가 생각나는 어려움에까지 이른다. 햄릿 증후군의 원인은 간단하다. 인지만 한다면 충분히 개선의 방법은 열려 있다. 이런 경우, 어린 시절부터 주로 선택과 결정을 부모가 대신해주었거나, 경험이 부족한 경우다. 선택과 결정은 곧, 책임감의 부재로 나타난다. 자녀가 실수하거나 부족함을 나타낸다고 하더라도 무조건 제한하는 통제보다는 선택의 기회를 다양하게 주고 책임을 지도록 하는 훈련이 필요하다.

나 또한 지나친 통제 환경에서 자랐다. 아버지는 매우 엄격했으며, 조부모와 함께 사는 삼대 가족이었다. 아버지 못지않게 할아버지 역시 엄격하고 고지식했다. 조부모의 눈치를 보는 것은 어린 나로서는 꽤 무섭고 힘든 일이기도 했다. 아무리 더워도 짧은 바지를 입는 것조차 허용되지 않는 환경이었다. 할아버지는 늘 주변 아이들과 손녀를 비교했다. 자존심이 바닥에 머물렀고, 어떤 일을 하겠다고 선뜻 나설 수 없는 분위기였다. 이러한 환경은 나에게 이러지도 저러지도 못하는 결정장애의 한 부분으로 형성되었다. 이런 성격이 '나'인 줄 알고 살았지만, 성인이 되어 내가 할 수 있는 일이 차츰 생기게 되고 내가 이룬 일에 칭찬을 들으면서부터 결정장애는 조금씩 사라져 선택과 집중을 잘하는 어른으로 변하게 되었다.

자녀를 평생 따라다니며 선택과 결정에 부모가 관여할 수는 없다. 청소년기를 지나 어느 순간, 아이는 독립성을 갖기를 원하고 독립해야 한다. 독립해야 할 시기에 선택과 결정을 배우는 것은 너무 늦다. 포스터 클라인(Foster Cline, MD)과 짐 페이(Jim Fahey)는 캥거루 맘이나, 헬리콥터형 부모를 자처하며 아이의 일거수일투족 모든 선택과 결정을 부모가 쥐고 있다면, 그것은 아이에게 독이 되는 사랑이라고 말했다. 그들은 《아이는 책임감을 어떻게 배우나》에서 선택의 중요성을 이야기하며, 다음과 같은 방법을 제시한다.

① 아이는 실수를 통해 배운다. 실수할 기회를 제공하라.

아이가 숙제를 하지 않거나, 학교에 지각하면 화가 치밀어 오르겠지만, 아이가 그 행동의 결과를 통해 교훈을 배울 수 있도록 기회를 준다. 다만 아이가 늦장을 부리다가 부모까지 늦게 한다면 고칠 수 있도록 주의를 준다.

② 생각할 수 있는 행동의 범위를 제한하라.

제한 없는 허용은 자칫 방임일 수 있다. 부모가 제한한 안전망 안에서 중요한 결정을 경험할 수 있도록 하라.

③ 선택권을 주고 조용히 지켜보아라.

외부의 통제보다 스스로 선택하고 결정한 것이 어떠한 결과를 가져오는지 내면에 더 귀 기울이고 결과를 마주할 수 있도록 지켜보는 것 또한 매우 중요하다. 선택이 어렵다면, 아주 작은 사소한 것부터 연습해보는 것도 좋다.

04

—

경제 감수성을 위한
용돈 교육 방법

합리적 분별을 할 수 있는 경제 감수성을 위한 용돈 교육 방법을 알아보자. 자녀가 초등학생이 되었다면 용돈 교육을 시작해야 한다. 용돈 주는 것을 더는 미루지 말아야 한다. 용돈을 엉뚱한 곳에 사용할 수도 있다. 하지만 초등시기에 실수해보는 것이 더 낫다. 실수하더라도 부모가 지켜볼 수 있는 심적인 여유가 가능하다. 청소년기를 넘어가면 그것도 하나 못하냐고 대뜸 핀잔으로 이어질 수 있고 사춘기 감성에 상처가 될 수 있기 때문이다.

경제 감수성을 위한 용돈 교육 방법, 이렇게 시작하자
아이가 돈에 관심을 두고 돈의 사용에 대해 궁금해한다면 적당한 시기가 된 것이다. 지금부터 가정 환경을 용돈 관리 분위기로 만들어보자.

① 자녀와 용돈에 관해 이야기를 나눈다.

학년에 따라 '얼마가 필요할지', '어디에 쓸지', '용돈으로 무엇을 하고 싶은지' 등 용돈의 쓰임새에 관해 이야기를 나눈다. 용돈 관리에 대해 설명하기 어렵다면 용돈에 대한 동화책을 들려주는 것도 좋다. 내 경우, 살림 어린이의 《세 개의 잔》을 함께 읽었다. 행복한 부자가 되는 방법에 관한 이야기가 동화로 쉽게 소개되었다. 모으기, 쓰기, 나누기의 잔 이야기가 나온다.

② 용돈 사용처는 아이와 의논해 범위를 정하자.

용돈 사용처를 아이와 의논해 범위를 정해야 하는 이유는 아이가 감당할 수 있는 것은 용돈으로 사고, 용돈으로 감당할 수 없을 정도로 금액이 커지면 포기할 수 있다. 작은아이의 경우, 그림 그리는 것을 좋아한다. 기본 재료는 아이가 용돈으로 사지만, 캔버스나 유화물감과 같이 비싼 재료는 부모가 지원해준다.

③ 아이와 함께 저금통을 만든다.

《세 개의 잔》은 모으기, 쓰기, 나누기로, 저금통을 세 개 만든다.

④ 용돈은 세 개로 나누어 관리한다.

돈 관리의 기본은 분산 관리다. 투자를 할 때, '한 바구니에 알을 함께 담지 말라'고 하듯, 어린이 용돈도 마찬가지로 분산 관리해야 한다.

⑤ 용돈을 봉투에 담아준다. 기간은 아이와 의논해 정한다.

예를 들면, 한 달에 한 번, 2주에 한 번, 1주에 한 번 등 편리한 방법을 선택해 시작한다. 시작 후 내 아이에게 가장 잘 맞는 방법을 선택한다.

⑥ 매번 용돈을 받을 때마다 위의 과정을 반복한다.

용돈 관리가 잘되고 있다면 어떻게 잘할 수 있었는지, 반면 잘 안 되고 있다면 무엇이 안 되는지 자녀와 이야기를 나누며 습관화 되도록 꾸준히 격려한다.

05

내 자녀, 용돈 교육
안 되는 이유가 있다

"용돈 교육 목표를 정했는가?
지금 해야 할 일을 잘게 쪼개라!"

용돈 교육이 잘 안 된다거나, 목표를 이루는 것이 어렵다고 말하는 사람이 있다. 그런 경우, 자세히 관찰하거나 이야기를 들어보면 문제가 바로 보인다. 대부분 목표는 분명하지만, 현재 내 모습을 바라보는 자기 성찰이 안 되어 있거나, 쪼개어 한 걸음씩 나가는 Step by Step, 즉 단계적 경험이 부족한 경우가 많다.

단계적 경험이란?

아기가 걸음을 떼는 것부터 걷고, 뛰는 것까지, 목표지점에 도달하기 위해서는 단계에 따라 한 걸음씩 앞으로 나가야 한다. 용돈 교육을 하기로 마음먹었다면, 한 번에 많은 금액을 목표로 정해 전투적으로 교육하는 것이 아니라 모으기, 쓰기, 나누기를 하나씩 경험하면서 푼돈을 모은 저금통이 통장에 쌓이게 되고, 목적에 의해 통장을 채워가는 경험을 단계적으로 진행해야 한다. 특히 청소년기의 경우, 용돈을 꾸준히 모으는 성공 경험은 자기의 목표를 이룰 수 있는 매우 중요한 기초가 된다. 목표에 도달하기 위해서는 한 걸음씩 잘게 쪼개어 꾸준히 이어가는 것이 필요하다.

등산을 예로 들어보자. 산 정상에 오르기 위해서는 어떻게 가야 할지 반드시 코스를 정해야 한다. 내가 오를 수 있는 길을 A, B, C 세 가지로 가정해보자.

A코스는 직진 코스로 경사지고 구간이 짧지만 풍부한 경험을 필요로 한다. B코스는 A코스보다 완만하지만 산을 오른 경험이 제법 있어야만 가능한 난코스가 군데군데 있으며, 구간은 A코스보다 길고 C코스보다는 짧다. 마지막 C코스는 경사가 원만해 굽이굽이 돌아서 가야 한다. 구간이 길다 보니 시간이 많이 소요된다.

우리는 등산로의 그림을 보며 목표에 따른 코스를 선택한다. 이때 무조건 빨리 가고 싶은 마음에 A코스를 선택한다면, 처음 마음먹은 것처럼 잘되지 않는다. 급경사와 같은 어려운 문제를 만나면, 금방 포기하고 만다. 반대로 어려울 것이라 생각하고 C코스를 정했는데 생각보다 쉽고 오르다 보니 내 경험치가 중복되어 시시하게 느껴지기도 한다. 이럴 때는 조금 더 빠르게 갈 수 있는 코스로 변경한다. 이렇게 정상을 향해 산을 오르는 일도 이전 경험에 비추어

전략이 있어야 한다.

　용돈 교육도 마찬가지다. 용돈을 주는 것으로 끝나는 것이 아니라 이 용돈을 어떻게 관리할 것인지 자녀와 의견을 나누어 잘 관리할 수 있는 전략을 세우는 것이 좋다.

정상까지 가는 코스를 정했다면 구간을 잘게 쪼개라

　코스를 정했다면 구간을 쪼개어 잘 오를 방법을 선택해야 한다. 완만한 길에서는 속도를 높일 수 있고, 경사가 심한 길을 오르고 난 후에는 잠시 물을 마시며 쉴 수 있다.

　용돈 교육도 마찬가지다. 용돈 교육 목표를 정했다면 어떻게 습관화할지, 습관을 위해 구간을 잘게 쪼개라. 그래야 실패할 확률이 낮다. 아동기의 자기중심적 사고에서 벗어난 청소년이라 할지라도 인내심은 어른보다 약하다. 이런 자녀에게 보상이나 동기부여 없이 목표를 향해 계속 걸으라고 재촉하면 중도에 포기할 수밖에 없다. 한 달 동안 목표한 것을 실천했다면, 잘했다며 보상으로 용돈을 더 얹어 보너스를 주거나, 맛있는 음식을 함께 먹는 것도 좋다. 6개월, 또는 1년간 실천했다면 노래를 불러주며 케이크로 축하하고, 자녀가 좋아하는 메뉴로 함께 식사를 하며 기쁨을 나누는 것 또한 힘이 된다. 칭찬도 아끼지 말자. 자녀가 잘해온 것에 대해 구체적인 말로 칭찬하며 사랑한다고 속삭여준다면 꾸준히 실천할 수 있는 동기부여가 된다.

용돈 교육 목표를 정했는가?

목표지점까지 가기 위해 지금 해야 할 일을 잘게 쪼개라!

목표를 향해 go! go!

용돈 교육에서 목표를 설정하는 것은 중요한 의미가 있다. 목표가 있다면 샛길로 가지 않는다. 혹시라도 어려움이 있거나, 포기하고 싶을지라도 목표를 잘게 쪼개어 다시금 새로운 길을 창조해내는 것이 인간의 뇌다. 뇌과학자 데이비드 이글먼(David Eagleman)은 《창조하는 뇌》에서 인간 창의성의 비밀을 휘기, 쪼개기, 섞기에 있다고 했다. 이 중 사물을 쪼개는 인간의 신경학적 재능 덕분에 한때 하나로 합쳐져 있던 조각을 쪼개게 된 것이다. 이는 불가능하다고 생각한 것을 가능하게 만드는 창의적 아이디어와 수많은 역사적 창조를 낳았다고 하면서 항공, 영화, TV, 음악, 이동통신, 미술, 생화학, 컴퓨터, 뇌 조직 연구 등 다양한 분야에 걸쳐 쪼개기의 역사적 창조물을 소개한다.

1950년대 영국 생화학자 프레더릭 생어(Frederick Sanger)는 실험실에서 아날로그형 쪼개기로 실험을 했다. 당시 과학자들은 인슐린 분자를 구성하는 아미노산 배열 순서를 규명하기 위해 전력투구했으나 인슐린 분자가 너무 커서 쉽지 않았다. 이때 생어는 인슐린 분자를 보다 다루기 쉬운 조각으로 쪼갠 뒤, 짧아진 분자 조각으로 배열 순서를 규명하자는 해결책을 제시했다. 생어의 그림 조각 맞추기식 방법으로 과학자들은 마침내 인슐린 구성 요소의 배열 순서를 규명했다. 그 공로로 생어는 1958년 노벨화학상을 받았고, 오늘날 그의 기술은 단백질 구조를 밝히는 데도 그대로 쓰이고 있다. 인슐린 분자가 너무 커서 다루기 쉬운 조각으로 쪼갠 생어의 창조는 앞으로 인류에 또 어떤 역사를 남길지 아직 현재 진행형이다.

경제적 자유라는 거대한 산이 있다고 하자. 경제에도 여러 분야가 있다. 이 중 나는 용돈 교육을 효율적으로 습관화하도록 나에게 맞는 방법을 찾아 쪼개어 관리하는 것을 선택했다. 경제라는 큰 산을 쪼개어 모으기, 쓰기, 나누기 세 개의 저금통으로 관리하고, 이것이 다시금 거대한 산인 '경제적 자유'를 만들어가는 과정이다. 이것은 꾸준함이라는 인내를 섞어 만든 내 자녀를 위한 경제적 창조의 길이다.

우리 모두 처음 시작은 미약하다. 하지만 포기하지 않으면 목표에 도달할 수 있다. 동화책 《작은 벽돌 – 나를 찾는 위대한 여행》을 쓴 조슈아 데이비드 스타인(Joshua David Stein)은 그의 책 헌사에서 이렇게 적었다.

"한때 작았으나 위대한 것이 된 모든 것과,
언젠가 위대하게 될 작은 것들을 위해서다."

우리는 모두 작은 그 무엇에 불과하다.

하지만 언젠가 목표를 이루어 위대하게 될 작은 한 사람이다.

나도,

당신도,

우리의 모든 아이도….

06

용돈 교육은
경제 떡잎을 만드는 과정이다

"아이의 재능보다 부모의 태도가 더 중요하다.
아이가 어느 분야에 관심을 표현할 때,
그것을 부모가 있는 그대로 받아들이는 포용력이 있어야 한다."
-《공부보다 공부 그릇》중에서

태양이 뜨겁게 내리쬐던 여름, 아침부터 흘러내리는 땀을 닦으며 열세 살 아이는 엄마가 싸준 밥과 김치 도시락을 들고 아줌마들과 함께 경운기에 올라탔다. 덜컹거리며 엉덩방아를 찧기를 여러 번, 엉덩이에 감각이 무뎌질 즈음이면 산속 깊은 곳에 자리한 홉 밭에 다다른다.

홉은 덩굴식물로, 암꽃이 성숙하면 향기와 쓴맛이 있어 맥주의 독특한 향료로 쓰인다. 주로 대관령 일대 고지대에서 재배하고 있다.

경운기에서 내려 포대를 하나씩 배급받고 한쪽에 마련된 그늘에 자리 잡고 앉는다. 산더미처럼 쌓인 홉의 줄기를 잡고 꽃을 따기 시작한다. 하지만 손이 보이지 않을 정도로 열심히 따서 자루에 담아 보았자 한나절이 가도록 절반도 채우지 못한다.

점심 도시락을 먹고 다시금 자리에 앉아 부지런히 해 질 녘까지 꽃을 따다 보면 손끝에는 어느새 거뭇거뭇 물이 들어 있다. 거칠어진 손끝을 바라볼 새도 없이 포대에 가득 담긴 홉을 저울에 올려 무게를 잰다. 그 무게에 따라 오늘의 임금이 정해진다. 지금은 정확한 수치가 기억나지 않지만, 그 당시 하루 3,000~5,000원 사이의 아르바이트비를 받았다. 그렇게 일주일을 꼬박 아침 일찍 일어나 눈곱도 떼기 전, 경운기에 몸을 실어 홉 밭을 향했다.

함께 온 아주머니들은 초등학생이 기특하다며 칭찬했지만, 채워지지 않는 내 자루를 보면 속상하기만 했다. 내 자루의 홉과 아주머니들 자루의 홉 양은 눈으로 보기에도 확연히 차이가 났다. 어떤 분은 내 자루에 홉을 한 바가지씩 넣어주기도 하셨고, 내 무게에서 반올림해 그날의 일당을 더 계산해주기도 하셨다.

지금 생각하면 내가 남편과 뜻을 같이해 절약하는 일이나, 억척같이 돈을 벌어 집을 건축하게 된 일, 아이들에게 남다른 용돈 교육이 가능하게 된 이유는 어린 시절 경험한 용돈 벌이임을 자신하지만, 정작 내 부모님은 이런 수고와 노력을 기억하지 못하신다. 홉을 따는 것 외에도 부모님을 도와 밭의 풀을 뽑고, 고추를 따고, 채소가 출하하는 날에는 이것저것 잔심부름을 하며, 하루 5,000원씩 용돈을 벌었다.

하지만 참 안타깝게도 그 시절 나의 행동에 대한 부모님의 자극과 칭찬은 가뭄에 콩이 나듯 야박했다. '칭찬은 고래도 춤을 추게 한다'는데, 올바른 경제 습관을 기를 수 있는 떡잎을 놓치고 만 것이다.

부모 교육을 위한 강의를 할 때 단골로 하는 말이 있다.

"여러분의 자녀가 지금 무엇에 관심이 있고, 무엇을 좋아하고, 무엇을 잘하는지 관찰하고 칭찬과 격려를 아끼지 마세요."

이 말을 듣는 순간에는 고개를 끄덕이지만, 집에 도착한 순간 모두 잊어버리고 다시 소리를 지르는 자신을 발견하는 것이 일상이다. 그렇다고 할지라도 다시금 돌아보자.

'내 아이의 떡잎은 무엇일까?'
'무엇을 좋아할까?'
'무엇으로 칭찬할까?'

칭찬거리가 눈에 보이지 않는다면, 밀가루를 날리며 쿠키도 만들어보고, 레스토랑 놀이, 세차장 놀이, 물건을 사고파는 놀이, 책 읽기, 그림 그리기, 게임하기, 뒹굴뒹굴하며 함께 영화 보기 등 무엇이든 좋다. 그렇게 놀다 보면 내 아이의 20년 후 떡잎이 스치듯 지나갈 것이다.

2장

용돈 교육은
처음이지?

경제 근육을 많이 만들어야 한다.
모으기, 쓰기, 나누기 근육이 여러 겹 쌓이면
아이가 돈에 끌려가지 않고
다스릴 줄 알게 되는 힘이 생긴다.

01

용돈 교육은
처음이지?

부모라면 누구나 아이에게 용돈을 주어야 할지 말아야 할지, 언제 주어야 하는지, 얼마를 주어야 하는지 고민을 하게 된다. '용돈을 주었다가 혹여라도 불량식품이라든지 자잘한 장난감을 사면서 돈을 허비해버리면 어떻게 하지?' 하는 걱정만 하다가 시기를 놓치는 때도 있다. 자녀의 경제 교육, 피하지 말고 당장 시작해야 한다. 돈만 생기면 무조건 저축만을 강조하던 시대는 이미 지나갔다. 이제는 저축과 투자, 소비와 기부 등 올바른 돈의 사용 가치를 알려줄 때다. 올바른 소비문화를 부모인 나부터 배우고, 자녀에게 유산으로 남겨줄 수 있어야 한다. 행복한 부자로 키우기 위해서는 용돈 교육부터 시작해야 한다.

이번 장에서는 디지털화폐 시대에 실물경제 교육이 왜 필요한지, 동전을 모아 태산을 이루는 일이 가능한지 알아보고, 경제 근육을 튼튼히 할 방법으로 모으기, 쓰기, 나누기 세 개의 저금통을 관리하는 방법, 경제적 자유는 용돈 교육이 선행되어야 이룰 수 있다는 것과 용돈 교육을 언제, 어떻게 시작해야 성공할 수 있는지 그 방법을 알려준다.

용돈 교육이 처음인 이에게는 쉽게 접근하는 방법을, 시도는 하고 있으나 실천이 어려웠던 이에게는 성공을 위한 노하우를 전한다. 경제적 자유를 향한 용돈 교육에는 어떤 가치가 있을까? 모으기, 쓰기, 나누기만 잘해도 99% 성공할 수 있다. 그 이유는 모으기, 쓰기, 나누기로 다음과 같은 교육 효과를 얻을 수 있기 때문이다.

효과 1. 근면, 성실함을 기른다.

아이는 용돈을 꾸준히 모으며 실천을 경험한다. 실천하며 용돈을 모으는 과정과 결과에 대해 흥미를 갖게 되고, 이런 반복은 근면한 자세와 성실한 태도를 자라게 한다.

효과 2. 올바른 소비 습관을 기른다.

돈에 관심을 가짐으로써 사회·경제의 흐름을 이해하게 된다. 돈의 쓰임을 이해하면서 올바른 저축과 소비 습관을 기른다.

효과 3. 합리적인 경제적 사고를 한다.

올바른 소비와 저축을 꾸준히 함으로써 아이는 경제원리와 원칙에 맞는 사고를 하게 된다. 즉 나의 경제가 합리적인지, 효율성은 있는지를 스스로 생각하는 것이다. 물건을 사고자 하는 마음이 단순한 욕심은 아닌지, 올바른 소비인지 따져보게 되고 최고의 효율적 가치를 찾아 움직인다. 결과적으로 이러한 경제적 사고는 성인이 되어서도 최선의 이익을 창출하고자 하는 합리적인 이익을 도출할 수 있다.

효과 4. 경제적 자립심을 기른다.

경제를 가까이한 아이는 경제적 자립심이 훌쩍 자라 있다. '부모가 도와주겠지'라고 의지했던 마음이 점차 스스로 해결하고자 하는 자립심으로 바뀌게 된다.

효과 5. 감사할 줄 알고, 내 것을 나누는 아이가 된다.

노동의 수고를 알고 돈의 가치를 알게 되므로 감사하는 마음을 갖게 된다. 감사하는 마음은 어려운 이웃을 돌아볼 줄 알고 나눔을 통해 배려하는 마음을 배운다.

행복한 부자란? 용돈 교육을 통해 모으기, 쓰기, 나누기 등 올바른 저축과 소비 습관을 이룬 사람이다.

용돈 꿀팁 : 합리적 이익을 찾기 위한 질문

질문 1. 마트에 갔는데 먹고 싶었던 피자를 50% 할인하는 것과 피자 한 상자를 덤으로 주는 1+1이 있어. 두 가지 중에 어떤 것이 더 이익일까?

이 질문에는 두 가지 경우를 생각해야 한다. '1+1을 당장 소비할 만큼 필요한가?', '1+1이 정말 한 개의 가격에 덤으로 주는 것인가?'이다. 보통 사람들은 50% 할인 보다 1+1이 더 저렴하다는 생각에 후자를 고른다. 하지만 여기에 함정이 있음을 따져봐야 한다. 1+1은 실제 사용하다가 남은 것을 소비하지 못해 쓸모없게 되는 경우가 많고, 원래 한 개 가격보다 가격이 높은 경우가 많다. 후자를 선택할 경우, 생각했던 금액보다 초과된다는 것을 알아야 한다.

질문 2. 네가 좋아하는 게임 팩이 출시 기념으로 할인을 해. 당장 결제해야 한다고 재촉하지만, 돈이 마련되지 않았다면 게임 팩을 사야 할까? 사지 말아야 할까?

이 질문은 게임을 예로 들었지만, 아이마다 소비 욕구를 자극하는 물건은 다를 것이다. 쇼핑 호스트의 품절 재촉은 아이가 현명한 소비를 결정하기 매우 어렵게 만든다. 품절이 되기 전에 빨리 사야 한다고 조른다면 차분히 대화하자.
"혁아! 게임 팩이 신상품이고 마침 할인을 한다니 무척 사고 싶겠구나." (공감을 먼저 해준다)
"엄마도 무척 사고 싶은 너의 마음을 알지만, 게임 팩을 살 돈은 마련되었니?"
"게임 팩 살 돈이 마련되지 않아서 어떻게 하지?"(엄마도 매우 안타깝다는 공감의 표정으로 말한다.)
할인하는 것은 좋은 기회나 꼭 필요하다면 게임 팩 살 돈이 마련되었을 때 사게 하자.

02

—

디지털화폐 시대,
실물경제 교육이 필요할까?

용돈 교육을 실물로 해야 하는 이유?

지금은 코로나로 안전 수칙을 위해 사회적 거리 두기를 해야 하고, 비대면 온라인 서비스가 폭발적으로 확대되고 있다. 플랫폼 서비스와 이를 관장하는 IT 업계의 몸값은 하늘 높은 줄 모르게 치솟고 있다. 이렇듯 실물경제보다 가상세계가 더 편리하게 된 지금, 동전과 지폐를 모으라는 것은 말이 되지 않는다고 펄쩍 뛸 것이다. 비대면 서비스의 확대로 결제 시스템 또한 현금을 주고받기보다는 스마트폰을 이용한 전자화폐 결제가 더 자연스러워졌다.

이러한 비대면 시대에 빛을 발하는 것은 스마트 오더다. 이젠 물건을 살 때 굳이 현금이 오고 가지 않아도 구매를 한 후, 바로 결제를 할 수 있다. 배달 플랫폼이나, 스마트폰 앱을 이용해 원하는 상품을 주문하고, 전자화폐로 결제하고 상품을 배달받거나 픽업한다. 굳이 매장을 가지 않아도 집이나 회사에서 손가락만 움직이면 원하는 상품을 살 수 있다. 현금이 필요 없는 시대라고 해도 과언이 아니다.

모든 것이 비대면으로 가능한 이런 시대에 용돈 교육을 실물로 해야 할 필요가 있는지 의문을 제기할 것이다. 답은 간단하다. 전자화폐의 돈은 숫자의 표기일 뿐, 돈을 모으는 습관을 키워주는 것이 아니다.

아이에게 용돈을 처음부터 계좌이체로 준다고 해보자. 가상으로 용돈을 지급하면 아이가 돈을 오감으로 느낄 수 없다. 이체된 용돈을 은행의 스마트 앱으로 숫자만 확인할 뿐이다. 결국, 전자화폐에 대한 전자거래를 배우는 것이지, 실물경제를 이해하는 것은 아니다.

돈을 오감으로 느껴야 정말 돈을 아는 것

돈에 대해 알고, 그 돈이 어떻게 움직이는지 그 과정을 경험해야만 돈을 모으는 습관을 제대로 키울 수 있다. 동전과 지폐를 하나씩 모으는 일을 통해 돈을 느끼는 오감이 발동된다. 즉, 돈의 냄새를 맡고, 돈의 양을 눈으로 보고, 돈을 손으로 만져보고, 동전을 저금통에 넣을 때 들리는 땡그랑 소리를 듣고, 아이가 모은 돈으로 사먹는 간식의 맛까지…. 아이의 다섯 가지 감각을 통해 뇌로 전달되어 인지하는 이 모든 과정은 전자화폐의 거래로 느낄 수 없는, 실물로만 가능한 일이다.

또 한 예를 들어보자. 서로 경험이 다를 수 있지만, 부모님 세대나 1990년대 이전에 직장을 다녔던 분들이라면 느껴보았을 감정일 것이다. 당시에는 한 달 열심히 일하고 그 수고에 대한 급여를 두툼하게 담긴 노란 봉투로 받았다. 당시 그 돈을 가슴에 품고 미래를 꿈꾸며 생활비, 교육비, 저축, 여가비 등을 구분하며 행복해한 적이 있지 않은가? 한 달 열심히 입고 먹을 처자식을 생각하면 벅찬 기분이 들기도 하고, 저금한 돈이 쌓여가는 통장을 바라보며 멋진 자동차, 멋진 집을 상상하며 또 한 달을 버텨낼 수 있는 원동력이 되기도 했다. 하지만 이 급여 봉투가 계좌이체로 바뀌면서 돈을 손으로 만져보기도 전에 각종 공과금과 지출한 내역이 썰물처럼 바로 빠져나가는 바람에 급여를 받는 기쁨이 덜하다고 말하는 사람들도 있다. 바로 이런 감각이다. 아이들 역시 오감을 통해 돈을 느껴야 돈에 대해 알 수 있고, 생각할 수 있다.

아이가 실질적으로 실물경제를 오감으로 느끼며 돈의 흐름을 배울 수 있는 기간은 초등학교 6년, 중학교 3년, 고등학교 3년 총 12년이다. 용돈 교육을 실질적으로 하다 보면 중학교 이후부터는 실물경제에서 차츰 전자경제로 비중이 높아진다. 초등 시기가 실물경제를 공부해볼 수 있는 가장 적기인 셈이다.

경제 꿀팁 : 어려운 경제 용어 알고 가자

전자화폐 : IC카드 또는 네트워크에 연결된 컴퓨터에 은행예금이나 돈 등이 전자
적 방법으로 저장된 것으로 현금을 대체하는 전자 지급 수단
예) 인터넷뱅킹, 전자상거래, 교통카드, 모바일결제

가상화폐 : 컴퓨터 등에 정보 형태로 남아 실물 없이 사이버 공간에서 통용되는 화
폐
예) 도토리, 멤버십 포인트, 캐시, 게임머니

암호화폐 : 컴퓨터 등에 정보 형태로 남아 실물 없이 사이버상으로만 거래되는 전
자화폐의 일종
예) 비트코인, 이더리움, 리플

디지털화폐 : 디지털 방식으로 사용하는 형태의 화폐로, 금전적 가치를 전자적
형태로 저장해 거래할 수 있는 통화를 가리킨다. 여기에는 전자화
폐, 암호화폐, 중앙은행 디지털 화폐(CBDC) 등이 포함된다.

03

—

티끌 모아 태산이
가능할까?

꾸준함의 힘

아이와 꾸준히 용돈을 모으기 시작한 지도 어느새 7년이 되었다. 처음 시작할 때는 '과연 동전을 모아 저금통을 채울 수 있을까?' 걱정되었다. 저금통을 병 입구까지 가득 채우는 일은 생각만큼 쉽지 않다. 기다림의 인내가 필요하기 때문이다. 내가 사고 싶은 것을 언제 살 수 있게 될지 막연한 여정의 시작이었다.

하지만 용돈을 모으며 계단의 법칙을 생각했다.

계단은 한 개씩 올라야 한다. 두 계단을 한꺼번에 오르는 것은 한두 번은 가능하나 이내 헉헉거리게 되고 지쳐서 다리에 무리가 온다. 그렇다고 끝이 보이지 않는 계단에 에스컬레이터를 설치할 수도 없다. 한 계단씩 오르는 일이 귀찮고 힘들지만, 음식을 꼭꼭

씹듯 천천히 올라야 한다.

꾸준함의 힘을 믿어야 한다

아기가 걸음마를 배울 때는 한 발씩 시작한다. 한 걸음 떼었다고 갑자기 달릴 수는 없다. 초등학교를 막 입학했는데, 빨리 가고 싶다고 모든 과정을 건너뛰고 대학에 갈 수는 없는 일이다. 모든 것에는 거쳐야 하는 순서가 있다.

저금통이 가득 찼다. 드디어 친구에게 줄 선물을 살 수 있는 돈이 채워진 것이다. 엄마와 선물 가게를 간다. 내가 갖고 싶지만, 친구를 위해 필요한 선물을 설레는 마음으로 고른다. 아이의 눈높이에서 귀한 선물을 포장하며 기뻐할 친구를 떠올린다. 아이는 하늘을 날아갈 듯 기쁘다. 그동안 아끼며 모은 돈으로 내가 갖고 싶었던 마음도 참고 친구를 생각하는 마음이 선물에 고스란히 담긴다. 아이도 기쁘고, 선물을 받는 이도 기쁘다. 이런 모습을 지켜보는 부모의 마음은 어떤가? 대견한 마음에 당장 돈을 주고 싶지만, 아이가 맞이할 기쁨을 위해 기다려준다.

이 작은 행동으로 아이는 자신의 언덕을 하나 넘은 것이다. 이렇게 수없이 언덕을 넘어 훈련되면 아이는 언덕보다 더 큰 능선을 넘을 힘이 생기고, 능선을 넘은 힘은 더 큰 산도 뛰어넘을 용기와 힘이 된다. 이 과정이야말로 땡그랑 하나씩 모은 동전은 만 원, 10만 원, 100만 원으로 점점 커지는 것이다. 아이가 돈을 하나씩 모음으로써 할 수 있는 더 많은 일이 선물처럼 생긴다.

푼돈을 모으는 일이 쉽게 보일지 모르나, 이 한 가지를 꾸준히 이어감으로써 더 많은 인생의 선물이 덤으로 따라온다.

첫째, 돈이 모인다. 동전이나 지폐가 한 장씩 모이면서 돈이 점점 커지는 것을 눈으로 확인할 수 있다.

둘째, 성실과 끈기, 기다림을 키울 수 있다. 원하는 것을 사기 위해 돈이 모일 때까지 참는 과정은 성실함의 근본이 되며, 쉽게 단념하지 않고 견디는 힘을 길러준다. 결국, 작은 일에 기다리는 습관이 큰일에도 기다릴 줄 아는 성품을 기를 수 있다.

셋째, 목표가 생기면 스스로 계획을 세우고 이룰 때까지 할 수 있는 일을 하나씩 실천하면서 성취감이 형성된다.

넷째, 한 푼, 두 푼 모은 돈으로 사랑하는 사람의 선물을 살 수 있는 기쁨으로 자존감이 함께 자란다.

살면서 자칫 우습게 여길 수 있는 동전일지라도 꾸준히 모으는 일은 내가 갖고 싶은 것을 사기 위한 작은 행동이지만, 그 속에서 기를 수 있는 성품은 한 그루 나무에서 숲을 이루는 큰 선물이 된다.

종잣돈의 힘

동전이 모여 만 원, 10만 원, 100만 원 목돈이 된다. 동전 모아

이룬 태산은 더 나은 삶을 위한 씨앗이 된다. 씨앗은 자라서 열매를 거둘 수 있다. 종잣돈은 더 나은 투자나 구매를 위해 밑천이 되는 돈이다. 새로운 기회를 만들 마중물이 된다. 땅 속 물을 얻기 위해서는 펌프질을 해야 한다. 이때 물을 끌어 올리기 위해서는 위에서 붓는 물이 필요하다. 이 한 바가지의 물을 모아두지 않는다면, 지하 깊숙이 흐르는 물을 끌어올 수 없다. 종잣돈은 이 한 바가지의 마중물이다. 이 종잣돈은 용돈에서 시작된다. 용돈 모으기가 중요한 이유다.

영혼까지 끌어 올리며 실천해야 할 작은 습관은 용돈 모으기다.

04

—

경제 근육을
튼튼하게 하자

　실물경제의 또 다른 중요한 부분은 소비의 적정선이다. 실물경제의 흐름에 익숙해지면, 수입에 따른 소비와 저축, 투자를 적절히 안배하는 경험이 쌓이게 된다. 한 달 용돈을 30,000원 받았다고 가정했을 때 아이가 저축 10,000원, 소비 12,000원, 나눔 8,000원을 꾸준히 나누어 관리한다면, 사고 싶은 물건이 30,000원일 때 그것을 소비하지 않고 모일 때까지 참을 수 있는 경제 근육이 생긴다.

　근육은 근세포들이 모여서 된 조직이다. 근육이 튼튼히 만들어질수록 뼈와 몸을 탄탄히 받쳐 몸의 움직임을 자유롭게 한다. 따라서 경제 근육을 많이 만들어야 한다. 모으기, 쓰기, 나누기 근육이 여러 겹 쌓이면 아이가 돈에 끌려가지 않고 다스릴 줄 알게 되는 힘이 생긴다. 이런 경제 근육이 생길 기회를 경험하지 못한 경우, 자신이 사고 싶은 물건이 30,000원일 때 기다리지 않고 받은 돈 전부로 덜컥 사는 실수를 범할 수 있다. 경제 근육이 만들어질 기회도 얻지 못한 채, 이후의 삶은 돈에 의한 자유가 아닌 구속이 시작되는 것이다.

많은 사람들이 경제적 자유를 꿈꾼다. 목표 시기는 40대, 50대, 60대 제각각이겠지만, 경제적 자유를 위해서는 그만큼의 생산과 소비, 저축과 투자가 균형을 이루어야 한다. 돈을 관리하는 힘은 생산활동을 시작했을 때 기르려고 하면 이미 늦는다. 경제적 자유를 꿈꾼다면 용돈 교육부터가 시작이다. 어릴 때부터 키워진 경제 근육은 어디서도 배울 수 없는 멋진 자산이 된다.

05

경제적 자유는
용돈 교육이 먼저다

돈을 모으는 일은 어느 날 갑자기 로또처럼 이루어지는 것이 아니다. 내가 매일 세수를 하고, 밥을 먹고, 회사에 가는 것처럼 매일의 습관이 되어야 한다. 여기에 관심을 가지고 나만의 루틴으로 만들어가는 것이 중요하다.

부자가 되고 싶어 하지만, 매일 습관처럼 돈을 모으는 것은 하지 않는다. 아니, 조금 시도는 해보았으나 작심삼일로 금세 포기하고 만다. 경제적 여유는 갖고 싶은데 모으는 일엔 관심이 없다. 이 얼마나 모순인가?

결국엔 그냥 검소하게 살겠다고 말한다. 오늘 커피 한잔에 만족하고, 맛있는 식탁이 있어 소확행(소소하지만 확실한 행복)을 한 날이었다고 즐거워한다. 나를 위해 좋은 것을 보고, 좋은 차를 타는 것으로 삶에 만족한다. 그리고 말한다.

"난 부자 별로 좋아하지 않아!"

나 또한 부자가 무조건 좋다고 말하는 것이 아니다. 다만 부자가 가진 경제적 여유는 삶의 여유로 이어질 수 있기에 좋은 것이다.

'여우의 신 포도' 일화는 정말 딱 맞는 예라고 생각한다. 포도밭을 지나다가 탐스러운 포도를 본 여우의 입안에 군침이 돈다. 너무 먹고 싶은 마음에 몇 번 따려고 시도하지만, 이내 실패를 하고 만다. 여우는 금세 포기한 후, 자신을 위로한다.

"다리가 짧아서 어차피 안 돼. 막상 따도 저 포도는 신맛만 날 거야."

이는 자신의 부족함을 탓하기보다 어차피 안 될 일이라고 포기하는 것이다.

부자에는 관심이 없다고?

부자에는 관심이 없었다. 아니 부자라고 하면 자린고비 이야기가 생각나서 오히려 불쌍한 존재라고 생각했다. '나는 그냥 평범하게 오늘에 만족하며 살 거야'라며 자신의 경제 감수성을 스스로 위로했다.

하지만 성인이 된 후, 결혼하고 가정을 이루니 작은 집을 하나 사려 해도, 여행을 가고 싶어도, 맛있는 것을 먹고 즐기려 해도 언제나 돈이 필요했다. 돈이 없으면 포기해야 했다. 이럴 때 느끼는 포기의 기분을 아는가? 그냥 단순히 신 포도를 보며 느끼는 여우의 심정이 아니다. 자존심이 상하는 것 이상으로 내 부모에 대한 원망의 마음이 무의식적으로 솟구쳐 나오기도 한다. 이런 감정의 패턴을 내 아이에게 물려주고 싶지 않았다. 아이가 돈을 잘 모르고 돈에 대한 올바른 경제 습관을 배우지 못해서 하고 싶은 일 앞에 돈이 없어 망설이게 하고 싶지는 않았다. 나는 남편과 굳은 의지를 다졌다.

"가난은 우리에게서 끝나게 해야 해! 아이에게 돈을 가르치자."
그렇게 시작된 것이 용돈을 관리하는 습관이다.

습관을 이야기할 때 자주 회자되는 '세 살 적 버릇이 여든까지 간다'라는 속담은 '어릴 때 몸에 밴 습관은 늙어 죽을 때까지도 고치기 힘들다'라는 의미다. 어릴 적부터 경제 근육을 키워 올바른 소비 습관을 갖게 하는 것이 잘 버는 일만큼이나 중요하다. 주택 시장 버블 현상과 가상화폐 및 주식 시장이 관심을 받는 요즘에 가장 유행하는 말은 '경제적 자유'가 아닐까? 경제적 자유는 시간적 자유, 관계적 자유를 가져다준다. 돈을 모으지 않으면, 자유롭게 움직일 수도, 돈을 다스릴 수도 없다. 마찬가지로 돈을 벌어야 하는 일에 더 많은 시간을 써야 하므로 시간으로부터 자유로울 수 없다. 인간관계에 있어서도 경제적으로 안정되지 않으면, 먹고살기 위해 불편한 사람과도 만날 수밖에 없다.

어릴 적부터 꾸준히 올바른 경제 습관을 길렀다면, 아이는 성인이 되어 자신이 원하는 것을 선택할 수 있는 선택의 자유권도 함께 얻는 것이다. 내 아이의 경제적 자유를 위해 돈을 알게 하자. 용돈 교육을 시작해야 한다. 더는 내일로 미룰 수 없다. 지금 바로 시작하자.

용돈 교육이 어려워서 못한다고요?

이 책과 함께라면 어렵지 않다. 언제부터 시작하면 좋은지, 동전 모으기부터 미래를 위한 전략까지 친절하게 안내하려고 한다. 가정에서 누구나 할 수 있는 방법이기에 각자의 형편과 수준에 맞게 한 가지씩 실천하다 보면 누구나 '부자'가 될 수 있다.

06

용돈 교육,
언제 시작할까?

용돈 교육, 가장 좋을 때는 명절 용돈이 생겼을 때

"엄마, 할머니 집에 언제 가요?"
"엄마, 엄마, 외할아버지 집에 언제 가요?"

아이들이 돌아가며 할머니, 외할아버지 집에 언제 가는지 물어본다. 코로나로 친척을 만날 수 없는 상황이 되자, 할아버지, 할머니를 유난히 좋아하는 아이들의 실망은 이만저만이 아니다. 설날은 세배도 하고 1년 중 아이들이 용돈을 가장 많이 받을 수 있는 날이다. 아이들이 실망할 것을 알았는지 할머니, 이모들이 만나지 못해 아쉬웠다며 용돈을 보내왔다. 카톡으로, 전화로 전해진 세뱃돈 소

식에 '코로나19가 설 명절 풍경도 많이 바꿔놓았구나!' 하는 생각이
들었다.

용돈 교육을 본격적으로 시작한 지 벌써 7년째다. 그전엔 엄마인
내가 관리를 했고 7년 전부터 아이들이 직접 관리하도록 경제 주도
권을 넘겨주었다. 물론 처음부터 모든 것을 일임한 것은 아니지만,
아이들과 함께 프리마켓을 다니거나 저금통마다 이름을 적어 관리
하고, 통장을 만들어 목적에 맞게 모으는 습관을 들였다.

돈이 모이기까지 쓰고 싶은 마음을 참는 것이 힘에 부칠 때도 있
지만 어려움이 있을 때마다 대화도 하고, 돈의 사용에 대해 고민하
는 시간을 가졌다. 부모의 말로 이해가 되지 않을 때는 경제 교육
책을 함께 읽으며 토의를 하기도 했다.

용돈 관리를 습관화시키기 위해 가장 좋은 방법은 아이가 모은
돈으로 하고 싶은 것을 해보고, 사고 싶은 것을 사보거나 프리마
켓, 홈 알바로 돈을 벌어보는 경험을 하게 하는 것이다. 처음엔 갖
고 싶은 장난감에서부터 원하는 것을 돈으로 살 수 있다는 생각에
아이는 세상을 다 가진 듯 크게 기뻐한다. 어른이 보기에는 코 묻은
돈, 별거 아닌 일로 보이나, 아이 입장에서는 갖고 싶은 장난감이
세상 전부다. 그렇게 시작된 돈의 사용은 미국 항공권을 구매해 여
행을 다녀오는 멋진 일로 마법처럼 발전했다.

마법은 상상할 수 없는 큰 것에서부터 시작되는 것이 아니다. 사
소하게 생각하는 티끌에서부터 시작된다. 우리는 자녀들의 꾸준한

용돈 습관으로 많은 일을 할 수 있었고, 그 경험은 다른 이들도 궁금해하기 시작했다.

용돈 교육에 필사적으로 공들인 노력을 아는 지인이 묻는다.

"용돈 교육, 언제부터 시작하면 좋을까?"

"세뱃돈 받았죠? 그럼 바로 시작하세요."

명절에 받은 용돈은 교육을 시작할 수 있는 좋은 기회다.

용돈이 필요하다고 느낄 때

명절뿐만 아니라 정기적인 용돈 지급을 시작할 때도 좋다. 아이가 용돈이 필요하다고 말하거나, 돈을 잃어버리지 않고 챙길 수 있을 때 용돈 교육을 하면 된다. 보통 한글을 알고, 경제 용어를 거부감 없이 들을 수 있고, 숫자를 계산할 수 있는 초등 시기가 적당하다.

너무 어린 유아의 경우, 돈을 가르친다는 것은 자칫 음식을 먹이기 위해 숟가락을 들고 따라다니며 무리하게 먹이는 상황이 되어 급체를 할 수 있으므로 오히려 역효과를 낳을 수 있다. 돈의 흐름과 돈의 가치, 돈의 사용에 대한 것은 쉽게 이야기해주되, 본격적인 용돈 교육 시작은 초등학생 때가 적기라고 생각한다. 이후 중·고등학생 시기는 모으고, 쓰고, 나누고 세 가지의 반복을 통해 경제 습관이 체계화되도록 한다. 세 가지가 목적을 가지고 이루어졌을 때

얻는 성취감과 자신감은 용돈 관리의 필요성을 더 많이 체감할 수 있다.

그렇다고 아이가 관심이 있는데 아직 어리다고 치부하며 굳이 때를 기다릴 필요는 없다. 유독 돈의 단위, 돈의 사용에 대해 빠른 아이가 있다. 아이를 관찰하다 보면 돈에 민감하게 반응하는 때가 있다. 그때를 놓치지 말고, 용돈 교육을 시작하면 된다. 어린 유아의 경우, 경제 동화책을 통해 경제 용어를 익히는 것도 좋다. 동화책을 읽다가 어려운 용어가 나올 경우, 쉽게 풀어서 설명해주면 아이는 책을 통해 자연스럽게 돈의 개념을 익힐 수 있다.

07

용돈 교육,
어떻게 해야 할까?

    설날 덕담과 함께 받은 세뱃돈, 또는 용돈을 주면서 어른들은 "저축해야지" 또는 "아껴 써라", "엄마한테 맛있는 거 사달라고 해"와 같이 추상적인 말이나 어른이 무엇을 대신 해주어야 하는 것처럼 말한다. 이는 용돈을 주면서도 경제 자극에는 별로 도움이 되지 않는 말이다. 아이들에게 용돈을 얼마나 받았는지 질문하면 명절 때 받은 돈이 천차만별이다. 용돈을 어떻게 아껴 써야 하는지는 아이의 형편과 상황에 따라 다르므로, '아껴 써라'라는 말은 용돈을 주는 어른의 마음이 고스란히 전달되거나 경제 활동으로 이어지기는 어려운 말이다.

    덕담을 나눌 때 축복의 마음을 담은 짧은 글을 봉투에 적어주는 것도 좋고, "세뱃돈은 어떻게 사용할 거니?" 질문하며 한 번 더 생각해볼 기회를 줌으로써 아이가 세뱃돈의 의미와 감사하는 마음을 가질 수 있도록 하는 것도 좋다.

자녀에게 용돈의 사용처를 모으기, 쓰기, 나누기와 같이 구분해 관리하도록 하고, 쓰기의 경우, 조금 더 구체적인 목표를 정하도록 하자.

예를 들면, 초등학교 저학년일 경우 장난감을 사거나 먹고 싶은 것을 사 보는 경험도 좋다. 먼저 작은 경험을 쌓은 후, 고학년이 되면 아이가 갖고 싶어 하는 스마트폰, 태블릿, 악기와 같은 고가의 물건을 부모가 무조건 사 주기보다, 자녀가 갖고 싶은 것에 목적을 가지고 목표한 금액을 모아 사보게 하는 것이다.

아이는 원하는 목표를 이루어가는 과정을 통해 성취감을 느끼게 되고 자신감이 생긴다. 목표에 따른 성공 경험이 쌓이면서 세상은 살 만하고, 자신은 꽤 괜찮은 사람이라 여기며 행복한 인생을 설계하고 누릴 줄 아는 사람으로 성장한다. 성공 경험이 많은 아이는 결과적으로 스스로 선택하는 힘을 기르게 되고, 자기의 삶에 만족하게 된다.

'꿈틀리인생학교'의 오연호 대표는 '우리는 왜 배우는가?', '우리는 어떻게 가르치는가?'라는 질문에 대해 '삶을 위한 교육'을 실천하는 덴마크 교사에게서 그 답을 네 가지로 찾아 제시한다.

첫째는 자기 주도성을 기르기 위해서다. 스스로 선택하는 힘을 기르고 스스로 선택하니 즐겁다는 것을 알게 한다.

둘째는 '있는 그대로의 나'를 사랑하기 위함이다. 작은 성취감이 있어야 잘하지 않아도 당당하게 있는 그대로의 나를 사랑할 수 있다.

셋째는 협력의 기쁨을 알아가는 힘을 기르는 것이다.

넷째는 '그래, 인생은 살 만해'라고 느끼게 하는 것이다.

아이가 스스로 선택하고 실천한 결과는 자기의 삶에 만족하게 한다. 용돈 교육 또한 마찬가지다. 자기 삶에 만족할 줄 아는 사람으로 키우기 위해서는 스스로 선택할 수 있는 기회를 주고 실천한 결과에 만족할 수 있도록 작은 성공 경험을 많이 만들어주자.

08

—

용돈 교육은
모으기, 쓰기, 나누기만
잘해도 성공이다

중학교를 입학한 아이는 기념으로 꽤 많은 세뱃돈을 받았다. 세뱃돈을 받자마자 아이는 행복한 고민을 한다.

'어느 통장에 넣을까?'

아이가 행복한 고민을 하는 이유는 모으기, 쓰기, 나누기, 세 개의 통장을 관리하고 있기 때문이다.

'모으기'는 성인이 되었을 때 대학 등록금, 배낭여행 자금, 결혼 자금 등 어떤 것이든 자기가 쓰고 싶은 목적에 맞게 보태어 사용하도록 조금씩 모으는 통장이다.

'쓰기'는 지금 사고 싶은 것과 목적 자금을 모아 사고 싶은 것을 사는 용도다. 이 통장에 모인 돈으로는 아이가 갖고 싶었던 장난감, 먹고 싶은 간식, 뽑기, 시계, 여행경비 등으로 지출하는 데 사용한다.

'나누기'는 저금통에 모아두었다가 친구 생일 선물, 부모님 선물, 헌금, 이웃 돕기 등에 사용한다.

부모로부터 받은 용돈, 친척들로부터 받은 용돈, 자신들이 번 돈(프리마켓. 홈 알바)을 사용 용도에 따라 이렇게 세 개로 나누어 관리한다. 통장을 만들 때는 부모의 도움이 필요하다. 분실을 막기 위해 비밀번호와 도장은 부모가 관리하고, 입금을 하거나 돈 사용을 위해 찾아야 할 때는 함께 간다. 요즘은 스마트 뱅킹이 편리하나 습관을 위해 가끔은 은행을 가거나 ATM 기기를 직접 이용한다.

이렇게 목적에 따라 용돈 관리를 하다 보니 아이들은 부자다.

돈이 많아서 부자가 아니라, 쓰고 싶을 때 올바른 소비를 할 수 있다는 여유에서 생기는 마음 부자다.

용돈 꿀팁 : 저금통 만들기

- 다 쓴 병이나 플라스틱 통을 깨끗이 씻어 준비한다.
- 통을 원하는 모양으로 꾸미고, 목적에 맞게 용도를 표기한다.
- 돈을 모아서 무엇을 할지 태그를 단다.
- 용돈이 생기면 돈을 모으기, 쓰기, 나누기로 구분해 병에 넣는다.
- 병에 돈이 가득 차면 은행에서 통장을 만들어 저금한다.

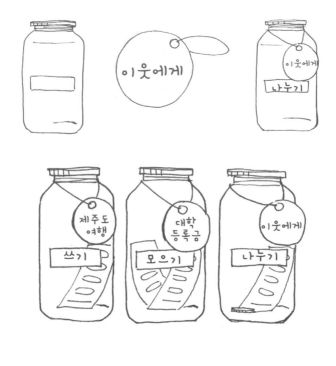

09

용돈 교육을
지속하려면?

예금은 자녀가 직접 하기

자녀의 통장 내용을 확인하는 일은 생각처럼 쉽지 않다. 나 또한 통장을 찍어보는 것을 여러 번 미룬 적이 있다. 귀찮고 힘든 게 당연하다. 요즘은 온라인으로 통장 거래를 주로 하기에 더 귀찮다. 하지만 자녀의 미래를 위한 경제 교육이니 귀찮다고 미룰 수는 없는 일이다.

처음 통장을 개설할 때도 아이와 함께 갔다. 은행에서 이벤트로 자녀 통장 개설 시 만 원을 입금해주는 행사를 이용해 통장을 개설한 후, 아이에게 입금하라며 만 원을 쥐여주었다. 일단 계좌를 개설했으나 은행을 다시 찾는 것은 쉽지 않다. 하지만 모으기 저금통이 가득 차면 은행을 찾아야 한다. 힘들다고 생각하지 말고, '경제

과외를 받는다'라는 생각으로 처음 몇 번은 자녀와 함께 은행을 방문하자. 은행에 들어서면서부터가 경제 공부다. 환대를 받으며 들어가면, '입출금 창구를 이용할 것인지', '대출 창구를 이용할 것인지'에 따라 번호표를 뽑고 내 순서가 되도록 기다려야 한다.

내 번호는 언제 불러주는지, 창구마다 표시되는 번호를 잘 보아야 한다는 것도 아이에게 알려준다. 마침 순서가 되었다면, 아이의 손을 이끌고 직접 입금할 수 있도록 가이드해보자. 아이는 처음 있는 일이라 쑥스럽고 낯설다. 하지만 곧 익숙해질 것이라고 안심시킨다. 아이의 돈이 입금되어 통장을 받아든다. 얼마가 입금되었고, 잔액은 얼마인지 손으로 짚어가며 확인해보자. 잔액을 본 아이는 웃으며 입꼬리가 올라간다. "엄마, 이 돈이 제가 모은 게 맞아요?" 하고 말이다. 아이는 이 돈으로 무엇을 할 것인지 행복한 상상을 할 것이고, 더 열심히 용돈을 관리할 것이다. 어른이 첫 월급을 탔을 때와 같은 마음이라고 하면 이해가 될까?

은행 창구를 방문해보았다면, 이번에는 ATM 기기도 이용해보자. ATM 기기는 사람을 만나는 것이 아니므로 쑥스러워하던 아이가 조금 더 적극적으로 해볼 것이다. 기계에 돈과 통장이 들어갔다 나왔다 하는 것은 아이에겐 신세계다. 은행 갈 때마다 자기가 넣겠다며 적극적으로 행동할 것이다.

은행은 어른만 가는 곳이라고?

보통 부모는 자신은 부자가 아니더라도 내 아이는 부자였으면 하는 심리가 있다. 그 대표적인 예로 아이의 돌잔치에서 재미로 하는 돌잡이를 할 때, 부모들은 아이가 돈을 잡으면 굉장히 행복해한다. 그만큼 내 아이가 돈을 잘 벌었으면 좋겠고, 경제적인 여유를 누리며 살기 바라는 것이 부모 마음이다. 돈에 관심이 많은 부모라면, 자녀에게 경제 교육을 하는 줄 알았다. 은행도 동행하는 줄 알았다. 하지만 의외로 부모들은 은행에 자녀를 데리고 가지 않는다. 아이가 보이더라도 어쩌다 따라 나와서 엄마가 은행 볼일이 끝날 때까지 스마트폰을 하며 기다리는 모습이 전부다. 물론 코로나19로 아이와 동행하는 일은 더욱 쉽지 않다. 그렇지만, 눈에 보이지 않는 경제 흐름을 눈으로 확인하고 오감으로 체득할 수 있도록 경험하는 것은 필요하다.

은행 직원들은 어느 곳에 가든 친절하다. 은행 입구에서부터 어린아이가 방문하면 웃으면서 말을 걸어주기도 하고, 칭찬도 아끼지 않는다. 은행 창구에서는 업무 처리가 되는 동안 사탕을 권하기도 한다. 어릴 때는 사탕을 한 움큼씩 받으며 해맑게 웃기도 했다. 지금은 사탕을 거절할 줄도 안다. 어쩌다 점장님을 만나면 더 유난이시다. "어떻게 왔니? 요즘 아이들은 저금을 하지 않는데 기특하다. 커서 훌륭한 어른이 되겠구나!" 하시며 정말 많은 덕담을 건네신다. 아이는 은행에 오면 칭찬을 받으니, 자기가 하는 일에 보람을 느끼고, 더 열심히 모아야겠다는 자각이 드는 건 당연하다.

온라인으로 입금했다면 통장 내용 확인하기

아이 생일이나 명절처럼 특별 용돈을 받았을 때는 부모가 아이에게 돈을 받아서 온라인으로 이체해주는 경우가 있다. 얼마가 입금되었는지 확인을 하지 않으면 눈으로 볼 수 없기에 교육적 효과가 약하다. 이럴 땐, 온라인 입금보다는 가능하면 아이와 함께 자동 입출금 부스를 통해 입금하고 직접 통장을 찍어보는 것이 가장 좋다. 어려운 경우 부모가 온라인 입금을 해주고 아이와 시간을 내어 통장 입출금 내용을 확인하는 것이 좋다. 처음에는 통장 입출금을 확인하는 일이 힘이 들지만, 조금 익숙해지면 아이가 입출금 내용을 확인하지 않아도 달달 외우고 있는 것을 발견할 수 있을 것이다.

은행 방문이 어렵다면 통장에 입출금 내용 메모하기

만약 용돈 입출금을 온라인으로 엄마가 대신해주었다면 아이가 눈으로 볼 수 있도록 통장에 입출금 내용을 메모해두는 것도 좋다.

용돈 꿀팁 : 용돈 입출금 내역 노트 예

날짜	내용	수입(원)	지출(원)	잔액(원)
4. 30	용돈	15,000		15,000
5. 3	아이스크림		600	14,400
5. 5	어린이날 용돈(할머니, 이모)	75,000		89,400
5. 6	목적 통장/모으기 통장/ 나누기 저금통		75,000	14,400
5. 9	만들기 재료 구입		4,500	9,900
5. 13	군것질		1,000	8,900
5. 16	헌금		2,000	6,900
5. 17	교통비		1,000	5,900

3장

자녀를 위한
돈의 흐름 경험하기
: 나도 가게 주인

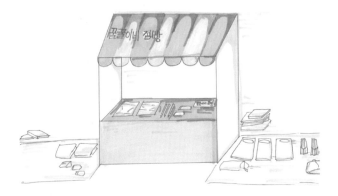

'돈 나누는 맛'이란?
돈을 아껴 쓰면서 잘 모았다면,
가치 있는 곳에 나눌 수 있어야
돈맛을 제대로 아는 것이다.

01
—

용돈 교육을 위해
꼭 필요한 돈의 흐름
어떻게 배울까?

어린이 경제 학교의 시작

씨앗동화(체험, 토론, 상상 글쓰기)를 배우고 연구하던 모임에서 아이들을 위한 '제1회 씨앗과나무 어린이 경제 학교'를(이하 씨어경) 준비하게 되었다. 경제 학교는 처음이라 생소했지만, 이때다 싶어 덜컥 참가 신청을 했다. 마침 큰아이가 10살, 둘째가 8살이 되자 체계적이고 의미 있는 용돈 교육이 필요함을 느낄 때쯤이었다.

'어린이 경제 학교에서는 뭘 가르쳐주는 거야?'

처음 시작된 행사는 생소하기만 했고, 반신반의하며 지인도 함께 신청했다. 어린이 경제 학교는 어린이들이 상점도 열고 직접 판매자, 소비자가 되어보는 것이다. 참가 어린이가 자신이 팔고 싶은 물건을 직접 계획하고 준비해 팔 수 있다. 물건을 사고파는 경험을 통해 경제가 돌고 도는 돈의 흐름을 직접 체험하게 하는 것이다. '씨어경'과 같은 경제 학교는 전혀 생소한 건 아니다. 지역마다 여러 형태로 진행되고 있다. 예를 들면, 동네 프리마켓, 시장 놀이, 벼룩시장 등이다.

경제 학교는 어린이들에게 경제에 대해 즐겁게 인식할 수 있는 유익한 프로그램이 될 수 있도록 다채로운 행사를 준비했다. 국악 공연, 은행전문가가 들려주는 돈 이야기, 경제 구연동화, 어린이재활병원 후원을 위한 기부 등이다.

'씨어경' 주최 측에서 내게 어린이를 위한 경제 구연동화를 준비해보라고 제안했다. '어린이를 위한 구연동화라니…' 엄마들도 많이 올 텐데, 걱정이 앞섰다. 대학 다닐 때 구연동화나 연극 등을 총괄하며 진행하던 나였지만, 막상 경제와 관련된 구연동화를 준비하자니 덜컥 겁부터 났다.

제안을 받았으니 거절할 수도 없고, 씨앗과나무 꿈샘(아이들의 꿈을 돌보는 선생님)들이 하나가 되어 각자 한 가지 역할들을 맡아 준비되어가고 있었으니 못한다고 할 수도 없는 처지라 일단 책부터 찾아보기로 했다. 경제 동화로 유명한 《열두 살에 부자가 된 키라》, 《레몬으로 돈 버는 법》 등이 대상 도서로 거론되었지만, 꿈샘들의 조언을 받아 최종적으로 토니 타운슬리 작가의 《세 개의 잔》을 선택했다.

책이 선정되자 나는 동화책을 읽고, 또 읽었다.

동화책《세 개의 잔》을 읽을 때마다 나는 무릎을 탁 치면서 공감했다. 《세 개의 잔》은 여덟 살이 되는 아들의 생일날, 부모가 세 개의 잔과 함께 봉투에 담은 용돈을 주는 이야기로 시작된다. 집에서 흔히 볼 수 있는 잔이 생일 선물이라니 주인공은 실망하지만, 부모님이 주신 용돈을 받는 재미에 점점 빠져들게 된다. 용돈을 받은 아이는 세 개의 저금통, 즉 '모으기', '쓰기', '나누기'로 용돈을 구분한다. 그 모은 돈으로 다시금 통장을 만들고 돈이 모이면 자신이 사고 싶은 것을 사고, 불우이웃을 돕고, 대학 등록금까지 마련한다는 이야기다.

나는 동화를 읽으면 읽을수록 용돈 교육 이야기에 공감이 갔고, 이런 방법이라면 내 아이도 용돈 교육을 해볼 만할 것 같다는 자신감이 생기기 시작했다. 사실 이 동화책을 접하기 전까지만 해도 책에서만 접해본 경제를 어떻게 시작해야 할지 막연하기만 했다. 그도 그럴 것이 나는 어릴 때부터 용돈을 정기적으로 받아본 적도, 용돈 관리를 하는 법도 배워본 적이 없기 때문이다.

경제 구연동화를 열심히 준비하는 나의 모습을 보던 남편은 목소리나 동작을 어떻게 하면 좋은지 하나씩 짚어가며 조언해주었다. 조언하던 남편도 어느새 이야기 속 용돈 관리 방법에 호기심을 가지기 시작했고, 아이들에게 세 개의 저금통을 마련해주자고 했다. 아직 용돈을 주지 않았으니 경제 학교를 진행한 후 용돈도 주고, 이를 관리할 세 개의 저금통도 시작하자고 했다.

경제 학교를 통해 시작된 용돈 교육이 꿈을 실현해주는 마법과 같은 일로 이어질 것이라고 상상도 하지 못했다. 내게 일어난 마법은 아이들이 용돈을 관리하며 합리적 소비를 하게 되었고, 친구의 생일 선물을 사는 것에서부터 자신이 갖고 싶은 것을 사는 일, 제주도 여행, 국내 팔도 여행, 미국 여행, 악기 구매를 하는 등 상상조차 어려웠던 일들을 스스로 하게 했다. 또한, 아이들은 더 나은 미래를 위해 돈을 모으고 가치 있는 곳에 기부하며 행복하고 의미 있게 용돈을 관리하고 있다. 나는 이 일로 인해 강의도 하고 책도 내는 등 꿈같은 일이 펼쳐지고 있다.

내가 가게 주인이 된다고?

《세 개의 잔》으로 경제 구연동화를 준비하는 가운데, 경제 학교 날짜는 하루하루 다가왔다. 아이들에게 곧 있을 경제 학교에 참가할 거라고 이야기했다. 어린이들이 가게 주인이 되어 직접 돈을 벌게 될 것이라고 말하자 아이들은 놀라 눈이 동그래져서 물었다.

"내가 가게 주인이 된다고?"

"우리가 돈을 벌 수 있어요?"

아이들은 걱정 반 기대 반으로 흥분했다. 이때를 놓칠세라 너희들이 물건을 팔고 살 좋은 기회이며, 그곳에는 너희와 같은 어린이들이 전국에서 모일 것이라고 말해주었다. 흥분도 잠시, 어떤 물건을 팔지 고민이 시작되었다.

　이런 경험은 처음이라 어떤 것을 팔지 이것저것 고민만 하는 눈치다. 우선 아이들이 판매할 물건을 정해야 했다. 어떤 물건을 판매하면 좋을지 물었더니 장난감, 옷, 문구 등 열심히 생각하던 아이들은 엄마가 만든 쿠키가 좋겠다고 했다. 때마침 운영진으로부터 쿠키 판매를 하면 좋겠다는 제안이 들어온 터라 아이들의 의견과 맞아떨어지니 기분이 좋았다.

　우선 준비해야 할 일을 나열해보았다.

　① 쿠키 반죽 만들기
　② 쿠키 반죽 성형하기
　③ 쿠키를 오븐에 굽기

④ 구워진 쿠키 포장하기
⑤ 쿠키 가격표와 간판 만들기

쿠키 반죽과 오븐에 굽는 것은 엄마가 도와주기로 하고 반죽을 성형하고 포장하는 일, 가격표와 간판을 만드는 일은 아이들이 하기로 했다. 처음엔 어렵게 느껴지기만 했는데 생각한 것을 하나씩 차근차근 준비하다 보니 뭔가 큰일을 해낸 것처럼 뿌듯했다.

"엄마! 우리가 정말 쿠키를 파는 거예요?"

"엄마! 우리 어떤 쿠키를 만들까요?

"엄마! 가격은 얼마로 할까요?"

아이들의 들뜬 마음은 질문이 되어 쏟아졌다. 경제 학교가 열리기 일주일 전, 알록달록 간판을 만들고, 테이블에 놓을 준비물들을 챙겼다. 큰아이는 간판을 세워놓을 거라며 아빠의 기타 받침대도 챙겼다.

드디어 기다리던 경제 학교가 하루 전으로 다가왔다. 나는 아이들이 학교에 간 사이 쿠키 반죽을 만들었다. 아이들과 의논한 결과, 초콜릿칩 쿠키, 씨앗 쿠키, 딸기 쿠키를 만들기로 했다. 딸기 쿠키는 둘째의 아이디어로, 자기가 직접 만들겠다며 나에게 반죽을 특별 주문했다. 난 딸기 쿠키 색깔을 위해 백년초 가루를 섞어 만든 진한 분홍빛 반죽, 보성 녹차 가루를 넣어 만든 초록색 반죽을 준비했다.

아이들 하교 후 우리는 책상에 둘러앉아 쿠키를 모양대로 만들어 구웠다. 둘째는 세심하게 한 땀 한 땀 빚듯이 딸기 모양을 만들었다. 고사리 같은 손으로 만들던 그 모습이 어찌나 곱고 기특하던지 아직도 생생하게 기억에 남아 있다. 우리가 만든 쿠키가 팔린다고 생각하니 얼굴에 웃음이 가시지 않았고, 쿠키를 만드는 내내 콧노래를 불렀다.

나도 가게 주인 간판 만들기

1. 가게에서 팔 상품을 정한다.
2. 판매할 상품에 어울리는 가게 이름을 정한다.
3. 간판으로 사용할 하드보드 또는 폼 보드를 준비한다.
4. 매직이나 색채 도구를 활용해 가게 이름이 잘 보이도록 쓴다.
5. 판매할 상품 그림도 함께 그려 넣는다.

쿠키 가게

초코 쿠키 : 500원
딸기 쿠키 : 500원

02
—

경제 학교 가게에서
판매하기 1

경제 학교 참가하는 날

가격표를 만들고, 쿠키를 포장하고, 테이블보와 돈을 담을 통, 잔돈 준비 등 부산했던 시간이 지나고 손꼽아 기다리던 경제 학교 참가 날이 되었다. 2월이라 코끝이 아릴 정도의 꽃샘추위에도 아랑곳하지 않고 아이들은 아침 일찍부터 일어나 경제 학교에 가려고 서두른다. 친구들과 전철역에서 만나 함께 간다며, 아침도 먹기 전 벌써 마음은 경제 학교 도착이다. 아침을 먹는 둥 마는 둥 옷을 갈아입고 집을 나섰다. 전철역에 도착하니 손에 판매할 물건을 든 친구들이 이미 와 있었다. 전철 안은 아이들의 상기된 목소리로 북적거렸다. 조용히 하려고 애써도 그 상기된 마음을 어찌 누를까? 1시간이 넘는 서울 가는 길이 야속할 뿐이다.

재잘거림 속에 경제 학교가 열리는 가얏고을에 도착했다. 가얏고을은 가야금을 가르치는 곳인데, 어린이들의 경제 학교를 위해 선뜻 장소를 내어주셨다. 이미 많은 어린이들이 도착해 있었다.

삼삼오오 모여 판매할 물건들을 전시해놓고 구경하며 시작을 기다리고 있었다.

우리 아이들도 테이블보를 깔고 그 위에 쿠키를 가지런히 놓았다. 간판도 세워놓고 보니 정말 그럴듯한 쿠키 가게 완성이다.

처음은 용기가 필요해!

"지금부터 경제 학교를 시작하겠습니다."

드디어 경제 학교 시작을 알리는 안내방송이 스피커를 통해 흘러나왔다. 동시에 '와!' 하는 아이들의 함성과 함께 이곳저곳에서 자기 물건을 사라는 홍보에 열을 올렸다. 함께 온 친구들을 보니 옷이며, 딱지, 장난감, 책들을 놓고 판매에 열중하고 있다. 큰아이는 처음 경험해보는 판매가 어색한지 쿠키 사라는 말도 못 하고 물끄러미 친구들을 바라보고 있다.

물건을 소개하는 아이, 물건을 사라고 붙잡는 아이, 열심히 물건들을 구경하며 엄마에게 이것저것 사도 되는지 물어보는 아이… 그야말로 시장처럼 시끌벅적한 생동감이 느껴진다. 한쪽에선 잔돈 교환과 통장을 개설하는 은행이 있고, 아이들의 배고픔을 달래줄 떡볶이, 따뜻한 어묵, 과일 컵이 판매되기도 했다. 딸아이가 만든 딸기 쿠키는 모양이 예뻐서였을까? 정말 불티난다는 말이 어울릴 정도로 열다섯 개가 순식간에 다 팔렸다. 아이는 신이 났다. 씨앗 쿠키와 초콜릿칩 쿠키는 시장 마감 전까지 남아 있어서 떨이를 외쳐야 했다. 한 개 500원 하던 쿠키를 세 개 1,000원으로 떨이를 외치니 눈 깜짝할 새 팔렸다. 큰아이는 처음 해보는 장사가 부끄러운지 나에게 '떨이'라는 말을 조용히 해달라고 부탁했다. 나는 이때를 놓칠세라 저렴하게라도 지금 판다면 원가에 대한 손해가 나지 않는다고 설명해주었다. 손익분기점이란 말은 이해하기 어렵지만, 손해라는 말은 귀에 쏙 들어갔는지 엄마의 떨이를 멈추게 하지는 않았다.

기부금 전달

어린이들이 준비한 시장이 끝나고 2부 순서가 기다리고 있었다. 2부에서는 은행의 경제 전문가가 돈이 생기게 된 이유와 돈의 흐름, 생산과 소비, 저축에 대해 이해하기 쉽게 강의했다. 이어서 《세 개의 잔》 구연동화를 했다. 떨리는 내 마음과는 달리 아이들은 초롱초롱한 눈빛으로 동화를 들었다. 눈을 반짝이며 생각보다 열심히 듣는 어린이들을 보니 그간의 힘듦이 눈 녹듯 사라졌다.

가야금 연주가 이어지고 마지막 순서로 오늘 행사에서 모은 기부금 전달식이 있었다. 어린이들의 가게 운영으로 모인 수익금은 어린이 재활병원을 짓는 데 사용한다고 했다. 어린이 재활병원이 우리나라에도 꼭 필요한 이유를 들려주시니 어린이들의 마음에 감동이 일었나 보다. 2015년도 2월, 당시 재활병원 공사 진행 중에 많은 어려움이 있다고 했다. 이후에도 씨어경에서 모인 기부금은 어린이 재활병원 후원에 쓰이기도 했고, 해외 어려운 곳에 도서관 건립 후원을 하기도 했다.

이날 행사에 참가했던 은비, 서윤 어린이는 자신이 더 도울 방법은 없는지 생각하다가 엄마의 제안으로 머리카락을 기르기 시작했다. 길게 늘어뜨린 아이의 머리카락을 보며 찰랑거리는 모습이 예쁘다고 칭찬했더니 인모 가발이 구하기 힘들다는 이야기를 듣고 가발이 필요한 암 환자에게 머리카락을 기부하고 싶다고 말했다. 기부의 중요성은 알지만, 기부하자는 말을 입이 아프도록 해봤자 무슨 의미가 있을까? 아이들이 몸소 실천하고 경험에서 배우는 산 교육이 이런 것이리라.

처음 경험한 경제 학교는 대성공을 거두며 많은 부모와 어린이들에게 경제 교육의 기초를 마련하는 발판이 되었고, 이후 2020년 10월 제11회 씨어경이 진행되었다. 11회는 코로나19로 인해 온라인으로 진행되었으나, 온라인 경제 학교도 성공적으로 운영되어 새로운 장을 여는 계기가 되었다.

경제 학교는 나와 내 자녀에게 올바른 경제 습관을 갖게 하는 교육 자산이 되었고, 세 개의 저금통 경제 실천은 많은 꿈을 이루어주었다. 주위의 인정도 받아 학교와 도서관에서도 어린이 경제 학교를 진행했고, 경험을 나누는 강의도 하게 되었다.

내 아이 경제 공부를 위한 성장 가치 투자

쿠키 만드는 비용은 아이들의 경제 공부를 위한 가치 투자로 지원을 해주었다. 아이들이 쿠키를 판매해서 번 돈은 16,000원이었다. 아이들에겐 가치 투자에 관해 설명하며 원가를 계산할 줄 알아야 한다고 말해주었다.

가치 투자란 주식에서 흔히 쓰는 용어로, 기업의 가치를 평가해 현물로 주식을 사는 것으로 투자하는 것을 이르지만, 우리는 아이의 성장 가능성을 보고 부모가 지원한 투자금을 가치 투자라고 이름을 붙였다. 사실 모든 부모가 자녀에게 사랑이라는 이름으로 헌신하는 양육비가 가치 투자라는 생각이 든다.

행사를 마무리하고 주최 측으로부터 구연동화 공연 비용을 수고의 대가로 받았다. 비용의 절반은 기부하고 절반은 함께 서울을 오간 어린이들에게 맛있는 돈가스를 사주었다. 처음 경제 학교를 준비하면서 정성을 다했던 그 마음에 어른으로서 응원의 선물을 하고 싶었다. 기부를 결심한 것은 씨어경을 준비하며 나 또한 올바른 경제 관념이 성장하는 밑거름이 되었고, 나눔이라는 선한 영향이 내 아이들에게 스며들기를 바랐기 때문이다. 구연동화를 맡지 않았다면 인생의 기적을 맞이할 수 없었을 텐데 내게도, 가족 모두에게도 경제 흐름을 제대로 배울 수 있는 계기가 되었다.

아이는 과연 얼마를 벌었을까?

전철을 타고 돌아오는 길은 피곤했지만 나와 큰아이는 경제 학교 경험에 대한 벅찬 감정을 감출 수 없었다. 작은아이는 피곤했던지 내 어깨에 기대어 곤히 잠들었고, 큰아이와 나는 오늘 있었던 경제 학교에 대한 소감을 속사포처럼 풀어냈다. 아이는 내가 굳이 말하지 않아도 '세 개의 저금통'을 바로 시작하겠다고 했다. 전철에서의 경제 수다는 멈출 줄 몰랐다. 집에 도착한 아이들은 흥분을 감추지 못하고 아빠에게 경제 학교에서 있었던 일을 재잘거리니 남편 또한 잘했다고 아낌없이 칭찬했다.

그 후, 번 돈을 식탁 위에 늘어놓고 세어보기 시작했다. 얼굴에는 자기가 번 돈이라는 신기함에 웃음이 멈추질 않았다. 돈을 세는 아이들에게 돈을 어떻게 나누어 담을지 이야기했고, 우리에게 수많은 기적을 가져온 '세 개의 저금통'은 그렇게 시작되었다.

처음이라 많은 걱정을 안고 시작했지만, 결과를 보며 아이는 자신감을 느끼게 되었다. 역시 어른이나 아이나 처음은 용기가 필요하다. 우리의 경험이 이제 시작하는 이들에게 큰 용기를 줄 수 있기를 소망한다.

아이는 과연 얼마를 벌었을까?

재료비 : 부모님 후원
매출 : 17,000원
기부 : 3,000원
총 수익금 : 14,000원

03

경제 학교 가게에서
판매하기 2

레모네이드 완판되다

처음으로 쿠키 가게 주인이 되어보았던 아이들에게 조금씩 용기가 생기기 시작했다. 한 번의 경험은 '또 해볼까?'라는 생각의 전환을 가져왔다. 같은 해 가을 동네 도서관에서 열린 가게에 참여해 조금 더 적극적인 판매에 도전하기도 했다. 이후 작은 시골 학교에서도 경제 학교가 열리게 되어 내가 진행한 학부모 강의, 학생 강의, 학부모와 함께하는 경제 학교도 성황리에 마칠 수 있었다.

씨어경을 함께 경험했던 선생님의 제안으로 평택 장당도서관에서 어린이 경제 시장을 열게 되었다. 나는 이때 강의 제안을 받고 '그림책으로 보는 어린이 경제 강연'을 하게 되었고, 경제 학교에 익숙해진 비밀클럽* 친구들은 체험 부스를 열어 각자 역할을 마음껏 발휘했다. 체험 부스는 레모네이드 가게, 공예 만들기, 동전 지갑 만들기, 타투 & 네일 스티커로 구성했고, 큰 아이들은 동생들에게 알려주며 벼룩시장을 성공적으로 이끄는 주축이 되어주었다.

이때 우리 아이들은 다른 친구들과 함께 레모네이드를 판매했다. 그 과정을 살펴보자.

① 레모네이드 가격을 알리는 가격표를 만들었다.
② 예상 판매수를 예측해 레모네이드 재료를 구매했다. 물품 구매는 부모가 도와주었다.
  예상판매 수 100잔×1,500원= 150,000원
  레모네이드 원액 3병, 아이스 컵 120개, 종이 빨대 120개 1묶음, 휴지, 얼음, 탄산수, 레몬 구입
③ 레모네이드를 판매하기 위한 준비물을 사전에 준비했다.
④ 레모네이드 재료가 준비되면 레시피대로 음료를 만들어 시음했다.
⑤ 경제 학교 당일 역할을 정하고, 각자 역할대로 판매에 임했다.
  역할 1. 주문에 따라 돈을 받고 거스름돈 주기
  역할 2. 레몬 원액 담기
  역할 3. 탄산수와 레몬 넣기
  역할 4. 아이스 컵 뚜껑 닫고, 종이 빨대 꽂아 손님에게 주기

9~12살까지의 형, 동생과 함께하다 보니 나이 구성이 다양했다. 때로는 실수하더라도 열심히 하려는 동생을 다독거리며 협업하는 모습이 훌륭했다. 부모는 멀찍이 서서 아이들이 하는 모습을 지켜보며 기특한 모습을 카메라에 담는 것으로 뿌듯함을 대신했다. 어른들은 아이가 직접 레모네이드를 판매하는 것을 신기한 듯 바라보시며 "너희가 직접 판매하는 거니?", "엄마 없이도 잘하는구나!", "레모네이드 정말 맛있다" 등 다양한 반응을 보였다. 어른들이 건네는 한마디, 한마디에 아이들의 어깨가 으쓱하며 자신감이 생겼고, "레모네이드 사세요"라며 외칠 용기로 이어졌다. 이날의 레모네이드 판매는 준비한 100잔이 모두 완판되었고, 레모네이드 원액이 떨어졌음에도 음료를 찾는 사람들에게 시원한 사이다를 추가 판매하기도 했다. 아이들은 150잔은 준비할 걸 그랬다며 웃었다. 이날의 체험 부스는 모두 성황리에 마감했고, 각 부스에서 역할을 다한 아이들은 세상을 다 가진 듯 자신감이 넘쳐 보였다.

레모네이드를 판매한 아이들은 얼마를 벌었을까? 카페에서 5,000원 정도에 판매하는 고급원액을 사용했고, 1,500원이라는 저렴한 가격에도 1인당 10,000원의 수익을 나눠 가질 수 있었다. 이날 아이들이 고사리손으로 만드는 레모네이드는 세상에서 가장 맛있었다. 그 땀과 수고를 알아준 맛이었다.

많은 음료가 있었지만, 레모네이드를 판매한 이유는 무엇일까? 레모네이드는 남녀노소 누구나 좋아하는 음료이기도 하지만, 특별히 레모네이드의 기적을 일으킨 알렉스 스콧(Alex Scott)의 정신을 아이들에게 심어주고 싶었다.

1996년 미국 맨체스터에서 태어난 알렉스 스콧은 첫돌이 되기 전, 소아암 진단을 받아 2000년에 줄기세포 이식수술을 받지만, 암 투병을 하다 2004년 8살에 세상을 떠나게 된다. 알렉스는 암 투병 중 자기처럼 아픈 아이들을 위해 레모네이드를 팔기 시작했고, 첫해 2,000달러가 모였다. 이런 알렉스의 소식은 많은 사람의 마음을 움직였고, 암 연구기금 모금 캠페인으로 규모가 커져 20만 달러가 모금되었다고 한다. 알렉스가 세상을 떠나고 그의 이름을 딴 '알렉스의 레모네이드 판매대 재단'이 설립되었고 모금된 돈은 소아암 환자를 위해 쓰이고 있다. 그 이후에도 레모네이드의 기적은 계속되고 있다. 한 아이로부터 시작된 레모네이드 실천은 많은 이들에게 따뜻함과 기부의 가치를 남겼다. 알렉스의 이야기는 《알렉스 스콧, 레모네이드의 기적》이라는 책에 담겨 있다.

돈맛, 진정한 가치는 나누는 맛

정선용 작가는 《아들아, 돈 공부해야 한다》에서 '돈에는 세 가지 맛이 있다'고 했다. 첫째, 돈 아끼는 맛, 둘째, 돈 잘 쓰는 맛, 셋째, 돈 모으는 맛이라고 했다. 돈을 맛에 비유한 표현이 신선하다. 음식을 먹고 맛으로 표현하기 좋아하는 나는 가슴에 새기듯 돈맛이 이해가 되고 느껴졌다.

나는 여기에 '돈 나누는 맛' 한 가지를 더 추가하고 싶다. 돈을 아껴 쓰면서 잘 모았다면, 가치 있는 곳에 나눌 수 있어야 돈맛을 제대로 아는 것이다. 아이들과 경제 학교에 다니는 이유는 돈의 흐름을 배우고, 올바른 소비 습관을 갖게 하며, 가치 있는 곳에 나눠 쓸 줄 아는 어른이 되기를 간절히 바라는 마음에서다.

비밀클럽* : 나는 2014년 홈스쿨을 고민하게 되었다. 당시 나는 '내 아이를 어떻게 자라게 할 것인가?'를 고민하며 새로운 학습 방법인 '씨앗동화'를 배우고 연구하며 아이와 매일 체험, 토론, 상상의 창작 시간을 가졌다. 이때 함께 만나 배우던 수강생 중 뜻을 같이한 서울, 경기 지역 같은 또래 아이를 둔 엄마들이 2016년에 만나 '역사 씨앗 동화'를 품앗이하게 되었고, 아이들은 '비밀클럽'이라는 이름으로 팀을 결성했다. 비밀클럽이 결성되기 전, 이미 2015년 제1회 '씨앗과나무 어린이 경제 학교' 때 같은 공간에서 우연히 만난 사이이기도 하다.

04

경제 학교 가게에서
판매하기 3

2019년 4월 27일 화창한 봄날, 평택 장당도서관에 비밀클럽 어린이들이 모였다. 2015년 2월, 10살에 만나 매년 경제 학교를 통해 가게를 열고 물건을 팔며 함께했던 시간이 어느새 4년이 흘러 청소년이 된 아이들은 이제 좀 특별한 시간을 갖고 싶다며, 각자 익힌 악기를 연주해 버스킹을 해보자고 했다. 하지만 사는 곳이 서울, 경기 지역에 흩어져 있었기에 모여서 연습하는 건 쉬운 일이 아니었다. 아이들의 의지가 그 어느 때보다 중요했다. 주중엔 각자 연습하고 주말에 모여 리듬을 맞춰보겠다고 결의하는 아이들을 보며 부족하더라도 의미 있는 추억이 될 것 같다는 생각이 들었다. 지금까지 가보지 않은 새로운 길을 용기 내어 가보자 했다. 함께하는 엄마들 역시 음악에는 문외한이라 각자 연습하더라도 모여서 하나의 소리로 합을 이룬다는 것은 산 넘어 산이었다. 그렇게 틈틈이 연습해 동영상을 찍어 모니터하며 리듬을 맞춰갔다.

막상 공연일이 다가오자 멋지게 연주하면 좋겠다는 엄마의 욕심을 내려놓아야 했다. 전문 연주가는 아니기에, 포기하지 않고 무대에 설 수 있다는 것만으로도 대성공이라 생각하며 공연을 맞이했다. 큰아이는 스피커와 악기들을 손수 챙기며 서둘러 경제 학교가 열리는 도서관으로 향했다. 작은아이는 예전처럼 레모네이드 판매를 준비했다. 이제 엄마가 옆에서 지켜주지 않아도 레모네이드 판매는 실수 없이 다른 친구들과 척척 잘 해냈다.

어린이 경제 시장이 마련되고, 체험 부스와 버스킹 무대도 준비되었다. 그동안 연습한 곡을 사전에 조율하며 새로운 경험을 위한 채비를 했다. 어느새 훌쩍 자라 청소년이 된 비밀클럽 친구들을 바라보는 엄마들은 꿀 담은 미소를 지으며 버스킹을 기다렸다. '혹여라도 내 아이가 실수하진 않을까?' 조바심이 나기도 했지만, 무대에 서 있는 그 자체만으로도 마음껏 축하해주어야 했다. 이 청소년들의 공연을 보며 또 누군가는 '나도 언니, 오빠, 누나, 형처럼 버스킹을 꿈꾸며 나눔을 이어가겠다'고 결심할 어린이도 있으리라.

버스킹에 앞서 어린이 경제 시장의 의미(경제 흐름을 익히고 나눔을 실천하자)를 알리고 나눔을 위한 기부함도 준비했다. 다소 떨리는 듯 가녀린 악기 소리가 도서관 마당에 울려 퍼졌다. 〈마법의 성〉, 〈Let It Be〉, 〈You Raise Me Up〉 연주가 물건을 사고파는 참여자들의 귓

가에 닿았다. 남녀노소 불문하고 많은 이들의 시선을 한껏 받은 청소년 버스커들은 음 하나라도 놓칠세라 집중해서 공연을 마쳤고, 박수와 함께 "잘한다", "멋지다" 하며 칭찬이 이어졌다. 아마추어인 비밀클럽 버스커의 공연이 끝나고 전문 연주가들의 버스킹도 이어졌다. 4월의 따스한 봄 햇살을 받으며 후끈 달아오른 경제 학교는 이어진 경제 강의를 끝으로 성황리에 마감했다.

어린이 경제 학교가 모두 끝나고 맛있는 저녁을 먹으며 아이들은 버스킹 때의 에피소드를 쏟아내며 재잘거렸다. "음이 어디가 틀렸다"는 둥, "아쉽지만 재미있었다"는 둥 한껏 흥분한 채 말이다. 2015년 첫 경제 학교를 맞이할 때만 해도 아이들이 경제 학교를 매년 이어갈 수 있으리라곤 상상도 하지 못했다. 엄마들이 포기하지 않고 아이들의 성장을 믿고, 협력한 것이 끝까지 하는 힘을 발휘했다. 이때의 경험은 그다음 해 '어떤 곡으로 버스킹을 할까?' 하는 설레임으로 이어졌다. 하지만 2020년 2월 시작된 코로나19로 오프라인 어린이 경제 학교는 멈추었고, 버스킹의 기대는 잠시 접어야 했다. 하지만 나는 안다. 사회적 거리 두기가 해제된다면, 더 성장한 아이들이 멋진 실력으로 무대에 설 것이라는 것을 말이다.

05

언택트 시대
온라인 경제 시장

2015년 제1회 씨어경(씨앗과나무 어린이 경제 학교)은 6년을 이어오며 서울·화성·평택·포항·부산 전국 각지에서 열렸다. 씨앗과나무에 소속된 각 지역의 꿈샘(아이들의 꿈을 돌보는 선생님)이 그 주축이 되었다. 코로나19로 오프라인 경제 학교가 어려운 상황에서 2020년 10월에 11회는 온라인 랜선으로 진행되었다.

아이들이 세운 회사인 씨앗 마켓, 역사 상점, 어린이 강의, 체험 상점, 랜선 콘서트가 온라인으로 열렸다. 아이들이 기획한 씨앗 마켓(물건을 판매하는 곳), 어린이 강의(어린이가 강의를 준비하고 강의하는 곳), 체험 마켓(체험 활동을 신청자를 초대해 실시간 온라인으로 진행)은 신청이 조기 마감되기도 하는 등 그 열기가 뜨거웠다. '온라인으로 진행되는 마켓과 체험이 과연 원활히 진행될 수 있을까?' 하는 걱정은 기우였다. 마켓 진행은 각자 판매하고 싶은 물건을 사진으로 찍어 가격을 포함한 관련 정보를 온라인에 올리면, 구매를 원하는 사람이 구매 신청을 한다. 멋진 동영상을 제작해 광고하는 팀도 있었다. 그럼 주문을 받은 마켓 주인은 우편이나 택배로 물건을 발송했다. 우리 생활의 일부인 택배 서비스가 빛을 발했다. 강의와 체험은 미리 신청을 받아 계획한 날짜에 진행했다. 온라인으로 이루어진 강의와 체험 활동은 방구석에서 심심한 아이들에게 재미있는 시간을 선사했다.

마지막 피날레는 랜선 콘서트였다. 열여덟 가정에서 준비한 아름다운 멜로디가 10월의 마지막 날을 장식하며 울려 퍼졌다. 그동안 준비한 연주를 담은 영상은 두고두고 간직할 보물이 되었다.

어린이들의 열정으로 한 달간 진행된 온라인 경제 학교는 대성공을 이루었고, 수익금 일부는 기부로 이어졌다. 유아에서부터 청소년에 이르기까지 솔선수범해 나눔을 실천했다. 경제 활동으로 시작된 나눔이 사랑이 되어 흘러간 곳은 태국 치앙라이의 '반뽕 비전 센터'다. 이곳에서는 어린이, 청소년을 위한 도서관 설립 프로젝트가 진행되었고, 경제 학교에서 어린이들의 수익금을 나눔한 금액과 십시일반 모인 기부금은 큰 힘이 되었으리라.

기부에 참여한 어린이에게는 감사의 마음으로 기부증서를 선사했다. 전국에 흩어져 있는 어린이에게 기부증서를 발송하려면 또 다른 비용이 지출되기에 각 가정에서 기부증서를 출력하는 것으로 하고 스마트 기부증서를 제공했다. 기부증서는 예능 대회 상장처럼 반짝

반짝 빛이 났다.

온라인 경제 시장에 참여하고 싶다면 포털사이트에 검색해보자. 집 근처에서 진행하는 프리마켓도 심심찮게 찾을 수 있을 것이다. 매월 진행되는 것은 아니나 각 시, 군에서 이벤트로 프리마켓을 진행하는 것을 찾을 수 있다. 검색해보니 금천 청소년 CEO 프로젝트 '별별 청소년 CEO', 양주 시립 회암사지 박물관의 '박물관 온라인 프리마켓', '여수시 우리 동네 온라인 프리마켓', '김포시 사회적 경제 온라인 프리마켓' 등 많은 곳에서 열리고 있다. 그 밖에도 번개 장터, 당근 마켓, 지역 맘카페 등에서 개최되기도 한다.

기 부 증 서

고경애 꿈샘님,최정혁, 최선율 어린이의
나눔에 감사드립니다.

모으고, 아끼고, 나누는 부자 공식을 세워
사회에 공헌하는 아름다운 나눔에 감사하며
고마운 마음을 기억하겠습니다.

2020년 10월 31일

씨앗과나무 어린이 경제학교

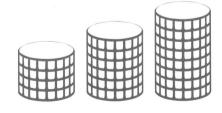

4장

기본만 잘해도
99% 성공하는
슬기로운 경제 생활

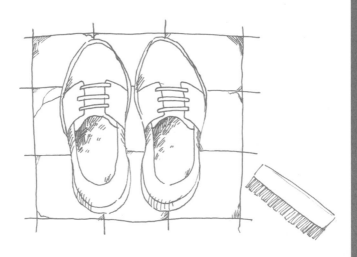

가족 레스토랑이 오픈하는 날,
주방에서 엄마는 게살 수프와 참치 초밥을 만들고
아빠는 설거지를 했다.
엄마의 요리가 끝나자
가족 레스토랑 오픈이다.

01

집에서 시작하는
사회 경제

가족은 하나의 작은 사회

아이들이 학교에서 경제가 얼마나 유익한지, 또는 얼마나 삶을 힘들게 하는지 제대로 알게 된다면 좋으련만, 학교에서는 실제 경제에 대해 자세히 가르칠 여유가 없다. 경제보다 어려운 수학 문제 푸는 것이 오히려 경제를 아는 것으로 착각할 정도이니 말이다. 수학을 잘하면 돈 계산을 잘하고 돈을 잘 벌게 되는 줄 아는 학부모가 의외로 많다. 하지만 돈을 잘 벌고 경제적 자립을 이루기 위해서는 돈의 흐름을 정확히 알고, 돈이 조금씩 쌓여가는 재미가 습관처럼 이루어져야 한다. 여기에 더해 절약 정신과 투자 가치를 실현할 수 있다면 금상첨화다. 하지만 학교에서는 이렇게 자세한 내용을 가르칠 여력이 없다 보니 많은 경우, 경제 문맹으로 자라게 된다.

《공부보다 공부그릇》의 심정섭 작가는 그의 책에서 경제 문맹을 기르는 우리 교육을 세 가지로 꼬집었다. 첫째, 자본주의 사회에서 기본적인 삶인 소비와 저축, 돈과 자본에 대한 실제적인 지식을 아이들에게 가르쳐주지 않는다. 둘째, 자본주의 사회에서 근검절약해 자본을 모으고 투자자나 사업가 마인드를 갖고 살아가는 교육을 해야 하는데, 학교에서는 오로지 국·영·수 문제 잘 풀고, 시험 잘 봐서 대기업 노동자가 되는 교육만 한다. 셋째, 정당하게 돈을 벌고 쓰는 경제 윤리 교육의 부재는 돈에 대한 왜곡된 생각이나 물질 만능주의를 주입한다.

이에 '돈 공부'는 '문제지 푸는 공부'보다 더 중요하고, 부모가 돈과 경제 생활에 대한 지식을 아이에게 전해주는 방법을 찾아야 한다고 했다.

학교에서 배우기 어렵다고 내 아이를 경제 문맹으로 방임해도 될까? 경제 문맹을 탈출하기 위해서는 가정에서 적극적으로 가르쳐야 한다. 돈 공부를 가르치고, 용돈 관리를 하다 보면 사회에서 필요한 계산 능력은 모두 갖출 수 있다. 어쩌면 당당한 경제적 자립을 위해서는 수학 문제 몇 장 더 푸는 일보다 집에서 배우는 사회 경제가 경제 문맹을 탈출할 수 있는 핵심이 된다.

가족은 하나의 작은 사회다. 작은 사회라는 것은 외부 세계에 발을 딛기 전, 나로부터 시작되어 가장 먼저 경험하게 되는 관계의 시작이다. 가족은 잘 몰라서 실수한다 해도 너그러이 이해할 수 있는 구성원으로 똘똘 뭉친 곳이다. 가족이라는 공동체가 함께 사는 집은 경제를 알기 위한 훌륭한 연습 장소다. 가족이라는 작은 사회에서 경제 흐름의 기초부터 시작하자. 시작하기에 앞서 가정에서 용돈을 벌기 위한 기준을 세워보자.

용돈을 어떻게 벌게 할 것인가?

첫 번째는 가족 공동체가 필요로 하는 노동에 대한 보상으로 용돈을 준다. 아이가 스스로 해야 하는 자기 역할에는 용돈으로 보상하지 않고, 아이가 노력한 노동에 대해서만 대가를 지급한다. 부모가 수고해야 하는 일을 아이가 했을 때에 대한 대가다. 예를 들면, 아빠의 구두 닦기나 누군가의 수고로 가족 공동체에 이익이 되는 일을 말한다. 설거지, 요리하기, 주방이나 거실, 화장실 등 공동의 장소를 청소하는 일이나 분리수거 등이다. 이것은 누군가의 수고로 가족이 누리는 편리함이지만, 아빠나 엄마, 어른의 수고로움이 없다면 누릴 수 없는 '노동'의 산물이다.

두 번째는 창의적인 아이디어로 용돈을 벌 수 있는 '일 창출'에 대한 대가다. 아이가 집에서 용돈을 벌 수 있도록 가족이 함께했던 여러 가지 놀이가 있다. 예를 들면 레스토랑 놀이, 요리하기, 세차하기 등이다. 세차는 자동 세차시스템을 이용한다 해도 최소 3,000원 이상의 비용이 든다. 조금 어설프더라도 아이가 세차했다면 그만큼의 대가를 지급한다. 이 방법은 아이가 용돈을 버는 일에 조금 더 적극적으로 다가갈 수 있게 하고, 가족에게 기쁨을 안겨 주기도 한다. 또한, 아이의 사고력을 신장시킬 수 있는 기회이기도 하다.

이렇듯 집에서는 돈을 버는 기초적인 경험을 해결할 수 있고 다양한 사회 경제를 미리 경험할 수 있다. 물건을 파는 가게의 형태로까지 발전할 수 있다. 아이는 일련의 노동을 통해서 용돈을 벌 수 있지만, 이를 노동이라 생각하지 않는다. 스스로 생각해낸 아이디어가 가족들에게 기쁨을 주고, 칭찬을 얻음으로써 스스로 꽤 괜찮은 사람이라는 인식과 함께 아이가 새로운 시도를 해볼 수 있는 원동력이자 성공 자산이 된다. 이러한 경험은 경제 문맹에서 벗어날 수 있는 밑거름이 될 뿐만 아니라, 다른 사람을 의존하지 않고 스스로 경제적 자립을 이룰 수 있는 소중한 자산이 된다.

02

—

얘들아!
'꿀알바' 할래?

우리들의 매일 루틴 : 미션 놀이

가족회의를 통해 '집에서 시작하는 용돈 어떻게 벌게 할 것인가'에 대한 기준을 세우고 보니 아이들도 좋다고 했다. 사실 용돈을 적게 주는 편이라 꼭 사고 싶은 물건을 사려고 할 때 부족할 수밖에 없었다.

가족회의에서 이런 결론이 나올 수 있었던 것은 자기 할 일을 완료했을 때 지급했던 스티커 보상을 놀이처럼 진행했던 경험이 있었기 때문이다. 스티커 보상이란 미션 놀이의 일종으로, 아이들이 평상시 학생으로서 하면 좋은 일에 대한 매일 루틴을 스티커로 보상해서 판을 채우는 것이다. 칸 중간중간에 엄마가 넣어놓은 미션 완료 보상이 숨어 있었다. 스티커를 제공하는 미션 놀이 또한 가족회의를 거쳐 시작하게 되었고, 할 일과 미션 완료 보상은 아이들의 의견을 반영해서 만들었다.

미션지는 달력처럼 100칸을 만든다. 아이에게 칭찬과 보상을 적당히 제공하기 위해 중간중간 미션 완료 보상을 넣는데, 가능하면 간식이나 문구, 완구로 제공했다. 간식은 아이들이 좋아하는 아이스크림, 떡볶이, 떡튀순(떡볶이, 튀김, 순대) 종합세트, 치킨, 피자, 초밥, 자장면 정도이고, 문구는 팬시 노트, 펜, 색연필, 전문가용 스케치 노트, 만들기 키트, 책 등이었다. 사실 간식이나 문구는 부모가 어차피 사줄 수 있는 것인데, 이 방법을 활용하면 아이들이 스스로 매일의 할 일도 챙기게 되고, 이로 인해 간식과 선물을 받을 수 있어 정말 재미있어 했다. 방학 때 계획표에 맞춰서 하루를 보낸다는 것은 참 어려운 일인데, 이렇게 미션지를 준비해 매일의 루틴을 하다 보면 방학은 어느새 금방 지나가고, 방학 숙제도 따로 할 필요 없이 하나씩 쉽게 채워갈 수 있었다.

매일 루틴은 아이가 선택하고 수준에 맞게 정했다. 예를 들면, 수학 문제 풀이 두 장(어려운 문제는 한 장), 씨앗 동화(글쓰기), 영어 듣기, 동화책 읽기, 관찰 노트 쓰기, 미디어 탈출(미디어를 보지 않는 날), 엄마 일 돕기(설거지, 요리하기, 거실 청소) 등이었다. 매일의 루틴을 골라서 자유롭게 하되, 미션을 완료하면 스티커를 주고 칸에 하나씩 붙여서 채워갔다. 미션지를 다 채우는 데는 때에 따라 한 달이나 두 달 정도 소요되었다. 특히 학교 일정이 없는 방학 때 하는 것을 좋아해서 여름·겨울 방학 때마다 여러 번 진행했다.

미션지를 활용한 매일 습관 들이기는 〈어쩌다 어른〉에 출연한 공부의 신 강성태 강사도 강조한 바 있다. 습관을 들이기 위해 66일 매일 습관 달력을 소개한다. 공부를 한 후 66칸을 동그라미, ×, 스티커, 도장, 날짜 등 나에게 맞는 방법으로 채워가는 것이다. 이것을 빼곡히 채워나가면서 자신이 어느 위치에 있는지 알게 되고, 점점 나아지고 있다는 것을 느낄 수 있다. 이것이 별거 아니라 생각하겠지만, 인간은 어떤 영역이라도 자신이 나아지고 있다고 생각하게 되면 행복감을 느낀다. 이런 습관 달력은 혼자 하기보다 가족이 보는 곳에 붙여두거나, 친구와 함께 진행하면 효과가 더 크다. 목표가 있고 보상이나 벌칙이 있다면 더 열심히 하게 된다.

아동의 도덕성 발달이론을 연구한 콜버그(Lawrence Kohlberg)는 10세 전후의 아동은 규칙이라는 사회적 약속을 받아들이고 인지하는 단계로 보고 있다. 이때는 보상을 얻기 위한 도덕성이 발달하는 단계이므로 보상, 즉 스티커나 미션 활동이 특히 효과가 크다. 지나치면 역효과를 가져올 수 있지만, 내 아이 수준에 맞는 적당한 보상은 좋은 습관을 갖기 위한 약이 된다. 역효과를 예방하기 위해서는 구체적인 말로 칭찬하기, 스킨십, 격려의 말, 용돈 보너스, 선물 등 보상의 방법을 다양하게 해보자.

용돈 꿀팁 : 미션 놀이 표

시작 ➡	2	3	4	벌써 5까지 오다니	껌 & 초콜릿	7	8	9	10
11	12	아이스 크림	14	15	16	17	힘내~	19	20
21	22	23	24	싱글콘	26	제법인데	컴퓨터 게임 1시간	29	30
31	32	33	34	35	36	떡볶이	38	39	40
41	42	43	핸드폰 1시간	45	46	47	48	49	햄버거
51	52	53	54	만들기 키트 1가지	56	57	58	59	60
야채 과자	62	63	64	65	컴퓨터 게임 1시간	67	68	69	피자
71	72	73	74	75	76	과자	78	79	80
81	핸드폰 1시간	83	84	마트에서 1가지 고르기	86	87	88	89	90
91	92	아이스 크림	94	95	96	97	98	99	탕수육 세트

미션 놀이의 보상은 자녀의 의견을 반영해 정한다.

가정은 돈을 벌 수 있는 훌륭한 연습 장소다

방학 때마다 즐겁게 했던 미션 놀이 경험은 용돈을 벌기 위한 '꿀알바'도 미션 완료하듯 어렵지 않게 할 수 있었다. 이러한 활동을 진행할 때는 가족이라고 하더라도 부모나 보호자가 임의로 정할 것이 아니라 반드시 아이의 의견을 물어보고 기준과 규칙을 만들어 반영하는 것이 효과적이다.

가정에서의 '꿀알바'를 위해 아이들은 자기가 할 수 있는 일에 대한 의견을 내기 시작했다.

- 아빠 구두 닦기 : 1,000원
- 설거지 : 500원
- 빨래 접어 정리하기 : 500원
- 공동 사용 공간 청소하기 : 1,000원
- 욕실 청소하기 : 1,000원
- 세차하기 : 1,000원
- 분리수거하기 : 1,000원

나열해보니 아이들이 할 수 있는 일이 제법 많았다. 그리고 때로는 부모가 용돈을 줄 목적으로 아이가 할 수 있는 일을 찾아서 도움을 요청하기도 했다. 그렇게 한 장, 두 장 지폐가 더해지기 시작했고 아이들의 학년이 올라갈수록 '꿀알바' 금액은 조금씩 인상되었다. 처음 시작은 어려우나 저금통에 동전과 지폐가 쌓이는 것을 본 아이는

'무엇으로 용돈을 벌까?' 고민하며 즐거워했다.

집안일 꿀알바 – 아빠! 구두 닦으세요

딸 : 엄마, 아빠 언제 퇴근해요?

엄마 : 글쎄. 많이 늦으실 텐데…. 아빠한테 할 말 있어?

딸 : 아니요…. 아빠 오시면 구두 닦아드리려고요.

엄마 : 정말? 아빠가 무척 좋아하시겠네.

딸 : (쭈뼛거리며) 근데 엄마, 아빠 구두 닦으면 용돈 얼마 줄 거예요?

엄마 : 얼마 주면 될까?

딸 : 음… 100원?

엄마 : 에이, 수고비로 100원은 너무 싸다.

딸 : 그럼 200원?

엄마 : 엄마가 인심 썼다. 1,000원 줄게.

딸 : 야호! 1,000원이나요?

엄마 : 반짝반짝 정성스럽게 닦아야 해!

딸 : 네. 그건 자신 있어요.

아빠의 구두 닦기 꿀알바는 이렇게 시작했다. 용돈 교육을 처음 시작하는 시기라 아이는 돈에 대한 개념조차 아직 성립되지 않은 때였다. 부끄러운 듯 조심스럽게 말하는 아이를 보면 만 원도 아깝지 않다. 고사리 같은 손으로 아빠의 구두를 닦겠다는 그 마음 씀씀이에 있는 돈을 다 긁어다 주고 싶은 심정이지만 이것 또한 하나의 경제적 자립을 기르기 위한 훈련이라 생각해 기특한 마음은 꿀꺽 삼키고 1,000원을 불렀다. 1,000원에도 '야호!' 외치며 퇴근하는 아빠를 기다리는 아이가 대견했다.

집안일 꿀알바 - 레스토랑 놀이

가족 레스토랑이 오픈하는 날, 주방에서 엄마는 게살 수프와 참치 초밥을 만들고 아빠는 설거지를 했다. 엄마의 요리가 끝나자 가족 레스토랑 오픈이다. 부부가 테이블에 자리를 잡고 앉자 작은아이는 자신이 만든 메뉴판을 내밀었다. 메뉴판을 보며 부부는 오늘의 특식을 주문했고, 큰아이는 웨이터가 되어 주문받은 음식을 날랐다. 부부는 맛있게 특식을 먹고 후식을 주문했다. 작은아이가 만든 후식 메뉴판에는 가격이 적혀 있지 않았다. 음식값은 아이들의 얼굴에 뽀뽀하고 안아주는 것이었다. 부부는 식사와 후식을 마치고 고마움의 표현으로 컵 아래에 아이들을 위한 팁을 3,000원씩 두었다.

아이들이 어릴 때 이렇게 레스토랑 놀이를 가끔 했다. 매일 밥을 차리는 것은 식상하고 재미없는 일이지만, 가족과 이러한 이벤트 놀이는 큰 웃음을 준다. 내 집 주방이 레스토랑도 되었다가, 분식집도 되었다가, 때로는 카페도 된다. 이 신기한 레스토랑 놀이를 하는 날은 음식을 준비하는 엄마도, 함께 식탁을 차리는 아이들과 아빠에게도 특별한 날이 된다. 이런 특별한 이벤트 날을 맞이하고 나면 우리 부부는 아이들에게 팁이라는 이름으로 용돈을 주었다.

이 단순한 놀이는 놀이로 그치는 것이 아니라, 아이들은 용돈을 받으며 요리사나 서빙하는 직원이 어떻게 돈을 버는지 그 과정을 알게 된다. 식당에서 음식을 먹고 음식값을 치르는 작은 일에도 어떤 수익분배구조가 일어나는지 자연스럽게 알게 된다. 가족 간의 잊지 못할 추억은 덤이다.

집안일 '꿀알바' – 요리하기

평일이나 주말이나 별다를 것 없는 코로나19 시대의 일요일 오후,

사회적 거리 두기로 여느 날처럼 집콕 상태로 모든 일을 해야만 했다. 방구석에서 자기만의 세계에 있던 사춘기 딸이 지루했는지 어슬렁어슬렁 나온다.

"엄마, 호떡 믹스 있어요?"

"응. 믹스는 있는데 이스트를 저번에 써서 좀 부족할 것 같아. 이스트 사놓을 테니 다음에 만들어 먹어."

"지금 만들어 먹고 싶은데….

"그럼 잘 안 부풀 수 있으니 베이킹파우더를 같이 넣어 만들어봐."

믹싱볼을 꺼내어 반죽을 시작하는 딸을 보니 잘될지 걱정이 앞섰지만, 미리 안 된다고 부정의 언어를 말할 순 없었다. 이스트를 따뜻한 물에 풀어 반죽하고 반죽에 베이킹파우더를 추가로 넣었다. 그릇에 담아 잠시 뚜껑을 씌워두라고 일렀다. 발효 없이 바로 해도 되지만, 쫄깃하고 더 부드럽게 하기 위한 과정이다. 콧노래를 부르며 지극정성으로 반죽을 하는 딸아이의 손놀림이 제법 익숙하다.

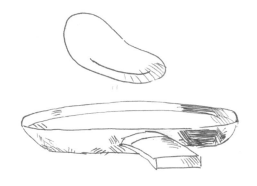

호떡 믹스에 있는 설탕을 그릇에 담고, 손에 반죽이 묻지 말라고 발라 줄 기름도 따로 준비했다. 하지만 호떡 믹스에 나온 그대로 물을 넣었다고 했는데 자꾸 손에 달라붙는단다. 반죽이 질어져 밀가루를 넣어야 했다.

딸아이가 애써 만든 호떡을 한 개 맛본다며 종이컵에 담아 손에 쥐니 줄 서서 먹던 호떡 못지않은 맛이 났다. 호호 불어가며 한입 베어 물었다.

"앗! 뜨거워."

뜨겁다는 말을 외치면서도 입은 연신 베어 물은 호떡을 오물거리며 씹었다. 뜨거운 흑설탕 시럽이 향긋한 시나몬 향과 함께 입안으로 들어왔다. 방구석에서 먹는 호떡이지만 푸드트럭에서 입김 불어가며 먹던 호떡과 같은 맛이다.

자기가 만들어보겠다고 혼자 낑낑대며 호떡을 만드는 딸아이의 고생스러움이 대견했다. 얼굴에 밀가루가 묻은 줄도 모르고 신나게 호떡을 굽고 있다.

"호떡 한 장에 얼마예요?"

"그냥 드세요."

"아유, 이 맛있는 호떡을 어떻게 공짜로 먹어요? 한 개에 1,000원 받으세요."

그렇게 해서 딸아이는 호떡집 불나는지도 모를 정도로 바쁜 꿀알바를 하게 되었다. 호떡 한 장에 1,000원! 물론 딸아이는 자기가 먹은 호떡이 더 많아서 3,000원을 버는 데 그쳤지만, 우린 주말 오후 '하하 호호' 웃으며 방구석에서의 시름을 잊을 수 있었다.

집안일 꿀알바 – 집안일은 나도 좋고 너도 좋고 일거양득

'가족이란 무엇일까?' 종종 고민하게 된다.

그간 우리 부부는 아이들이 언제든 독립할 수 있도록 힘을 기르자고 누누이 말해왔고 실천했지만, 엄마는 종일 밥과 간식만 준비해도 하루가 금세 지나가니 다른 것에는 눈을 돌릴 수도 없다. 집에만 있으면 집 안 곳곳 어질러진 것을 정리할 줄 알았는데 그러지도 못한다. 아니 오히려 더 어렵다. 아침 먹고 돌아서면 간식을 찾고, 금세 점심 먹을 시간이 다가온다. 먹성 좋은 사춘기라 그런가? 먹은 것이 다 어디로 가는지 온라인 강의로 움직임이 적은데도 먹는 것은 여전하다.

내가 강의를 나갈 때는 힘이 들면 간혹 외식도 하면서 한 끼 밥상 차리는 수고를 덜었지만, 사회적 거리 두기로 식당을 가기도 조심스럽다. 강의도 멈추고 외출할 일이 없으니 온라인 수업을 듣는 아이들을 돌볼 수 있게 되었다. 감사한 마음으로 하루를 보내야 하지만 가끔 한 번씩 욱하는 마음이 올라오는 건 어쩔 수 없다. 이대로 지내다가는 내가 먼저 튕겨나가게 생겼다. 아이들에게도 신세 한탄만 하고 있을 내 모습이 그리 아름답게 보이지는 않을 것 같다.

아이들에게 나의 고민을 말했다.

"엄마도 외식하고 싶지만 그럴 수 없고, 밥을 한 끼씩 굶으라고 할수도 없으니 엄마가 힘든데 어떻게 할까?"

아이들이 답하지 않아도 답은 뻔했다.

"엄마, 뭘 하면 돼요?"

역시, 눈치 빠른 딸아이가 먼저 묻는다. 나는 이때다 싶어 엄마가밥을 하는데 설거지까지는 힘들다고 매일은 아니더라도 한 번씩 설거지를 도와주었으면 좋겠다고 말했다.

빨래도 그렇다. 엄마 혼자 하면, 다음의 긴 과정을 혼자서 처리해야 한다.

① 빨래 세탁기에 넣기
② 세제 넣기
③ 세탁기 작동시키기
④ 세탁된 빨래를 건조기에 넣기
⑤ 건조기 작동시키기
⑥ 건조기 끝난 후 먼지와 물 비우기
⑦ 각자의 방에 빨래 접어서 넣어주기

많이 더러운 양말은 애벌빨래 과정을 거쳐야 하는데 생략했음에도 불구하고 이렇게 많은 순서가 있다. 각자 역할을 나누면 1, 2, 3은 엄마가 하고 4, 5, 6은 아이들이 하고 7은 각자 하면 되니 엄마의 수고도 덜고 시간도 절약할 수 있어서 그 시간에 다른 생산적인 일을 할 수 있다. 부모가 집안일을 모두 하기보다 아이에게도 가족 구성원으로서의 책임감을 부여하는 것이 좋다.

백지장도 맞들면 낫다. 아이들과 역할을 나누고 엄마가 요청할 때면 함께하자고 했다. 역할 나누기는 식사를 준비할 때도 큰 도움이 되었다. 둘째가 숟가락, 젓가락을 식탁에 놓고, 첫째는 밥을 그릇에 담고, 남편은 국을 떠서 각자의 자리에 놓아준다. 엄마는 준비한 반찬을 놓는다. 엄마 혼자서 식사를 차리려고 하면, 식탁과 주방, 냉장고를 몇 차례나 오고 가야 하는 일이지만, 가족이 함께 역할을 나눈다면 빠르게 식사를 차리는 것이 가능하다. 그렇다고 지나치게 역할을 강조한다면 지속하기 힘들다. 불평도 나오게 된다. 가족이 온종일 함께 있는 주말에 활용하면 좋다.

03

—

집에서 하는 '꿀알바'도
단계가 있다

중급 단계 : 가르쳐주면 할 수 있는 일(세차하기)

용돈 차림표를 만들고, 집안일 꿀알바를 경험한 아이는 자연적으로 용돈을 더 모으는 것에 열과 성의를 다한다. 구두 닦기, 설거지하기 등의 소소한 일은 조금만 노력한다면 누구나 할 수 있는 초급 과정이다. 꿀알바의 세계로 입문한 것을 온 마음 다해 축하하며, 이제 조금 더 단계를 올려보자. 다음은 어른도 싫어하는 중급 단계의 '세차하기'를 지속할 수 있었던 일화다.

힘겹게 세차를 하고 있는데 아들이 달려온다. 마침 호스에서 뿜어져 나오는 물줄기를 샤워기처럼 차에 뿌릴 때였다. 이것도 약간의 기술이 필요하다. 호스에 샤워 꼭지가 있다면 괜찮지만, 없다면 엄지와 검지를 이용해 호수에서 물 나오는 동그란 부분을 납작하게 만들어주고 물을 조금 세게 틀면 물이 퍼지면서 비가 오듯이 가늘게 떨어진다. 해가 창창하게 비출 때는 쏟아지는 물방울 사이로 무지개도 볼 수 있다. 아들이 차에 물을 뿌려대는 이 상황이 재미있어 보였나 보다.

"엄마, 나도 해볼래."

"안 돼!"

"왜요? 나도 해볼래."

"안된다니까."

"왜요? 내가 못 할까 봐?"

"아니, 이거 너무 재미있어서 엄마가 주기 싫거든. 엄마가 할 거야."

"나도 해 볼래요" 하며 내가 쥐고 있던 호수를 낚아채 간다. 쉽게 할 수 있을 것 같지만, 물줄기는 그냥 굵게 떨어지고 만다.

"엄마처럼 비가 오는 거는 어떻게 해요?"

나는 못 이기는 척 호수를 납작하게 눌러 잡으라고 알려준다. 신나게 물을 뿌리는 아들에게 엉덩이 두들겨주며 잘한다고 칭찬하고는 세차 솔에 거품을 묻혀 쓱쓱 차를 닦는다. 아들은 물을 뿌리다 말고 세차 솔에 눈길이 간다.

"엄마, 나랑 바꾸자."

"안 돼."

"왜요? 나도 그거 잘할 수 있어."

"엄마도 알아."

"엄마도 알면서 왜 안 돼요?"

"이건 줄 수 없어. 솔을 잘못 문지르면 차에 상처가 나니까 기술도 필요하고 조심히 해야 해서 안 돼."

"나도 조심히 상처 안 나게 잘할 수 있어요. 나도 해보고 싶어요."

나는 아들을 한번 쳐다보고는 미심쩍은 목소리로 말했다.

"이거 엄청 어려운데 할 수 있을까?"

"그럼요. 잘할 수 있어요."

아이는 세차 솔을 뺏다시피 해서 가져간다. 이쯤 되면 내 할 일은 끝났다.

솔질이 덜 된 부분을 가리키며 잘하라고 다독여주고, 아이의 손이 닿지 않은 곳을 찾아 손으로 닦아내면 된다.

아들은 뭐가 재미있는지 콧노래까지 부르며 신나게 세차를 한다. 8살에 시작된 아이의 세차는 청소년인 지금까지 이어지고 있다. 세차하다 보면 솔에 물을 잔뜩 머금은 채로 '사랑해' 글씨도 쓰고, 하트도 그린다.

이렇듯 지출이 필요한 세차에 용돈을 지급하게 되었다. 물을 사용한 세차가 어렵다면, 솔을 이용해 간단히 닦게 하는 것도 좋다. 세차할 곳이 없다면 코인 세차, 자동 세차를 하며 자동차 내부 쓰레기를 줍게 하고 물수건으로 닦게 하는 것도 용돈을 벌게 하는 좋은 구실이 된다. 가족이 모두 사용하는 자동차를 청소하게 함으로써 용돈을 지급할 때 이유 없이 주는 것보다, 경제 교육을 위한 실전 공부도 되고 의미가 있다. 부모는 가족 공동체로서 아이와 교감할 수 있어 좋고, 아이는 추가로 지급되는 용돈을 받아서 좋고 일거양득 '꿀알바'다. 세차는 어느새 용돈을 마련하는 좋은 기회가 되었지만, 처음에는 집안일을 재미있게 할 방법을 모색하다 시작되었다.

아이들과 세차를 함께할 무렵, 마크 트웨인(Mark Twain)의 《톰 소여의 모험》을 읽게 되었다. 어렸을 때 감동하며 여러 번 보았기에 톰의 익살스러움과 악동 소년들의 재미를 아이들에게 전해주고 싶어서였다. 그리고 어쩔 수 없이 지시로 하는 집안일이 아닌, 재미있게 집안일을 함께하는 방법을 많이 고민할 때였다.

톰은 담장에 페인트칠해야 하는 싫은 일을 마치 신이 나는 일인 것처럼 했고, 그 모습을 본 톰의 친구들은 한 번만 해보고 싶다며 톰에게 다가온다. 애원하다 못해 자신이 가지고 있는 맛있는 간식거리들을 톰에게 주며 페인트칠을 하게 해달라고 조른다. 결국, 톰은 친구들이 가져다준 간식을 먹으며 여유롭게 담에 색칠을 모두 끝낸다는 이야기다. 마크 트웨인의 상상은 내게도 자녀와 즐겁게 일을 할 수 있는 지혜를 주었다. 우리는 세차놀이를 계기로 집안일을 재미있게 하는 방법을 하나씩 터득하게 되었다.

고급 단계 : 인건비도 아끼고 가족 협응 극대화하기
(오일 스테인 칠하기)

전원주택에 살다 보니 일일이 사람 손이 닿아야 하는 일이 생각보다 많다. 마당의 잔디를 깎거나, 수시로 올라오는 풀을 뽑는 일을 일상생활처럼 해야 한다. 나무가 썩지 말라고 데크에 오일 스테인을 칠하는 일도 매년 하는 일 중 하나다. 비용을 주고 일을 맡길 수도 있지만 사람 한 명 하루 인건비만 25만 원이니 쉽게 사람을 쓸 수도 없는 일이다. 집을 지을 때, 인테리어 대표로부터 사용하는 제품과 칠하는 방법을 알아두고 우리는 비용도 아끼고 가족의 협력도 도모할 겸, 1년에 한 번씩 가족 행사처럼 데크 오일 스테인 칠하는 날을 만들었다.

오일 스테인은 덥거나, 추울 때는 얼룩이 지기 때문에 칠하지 않는다. 몇 해 동안 경험해보니 5, 6월과 9, 10월이 좋았다. 오일 스테인의 색깔은 아이들과 함께 의논해서 정한다. 처음엔 호두나무 색깔이었는데, 작년에는 둘째가 좋아하는 진초록색으로 구매했다. 먼저 오일 스테인이 묻더라도 괜찮거나 낡아서 버려도 되는 옷으로 갈아입고, 만반의 준비를 한다. 아이들의 몸이 자라 작아진 옷으로 입기도 하는데, 매번 오일 스테인 패션에 모두 배꼽을 잡고 웃기도 한다.

먼저 어디부터 칠할 것인지 구획을 정한다. 항상 2층 데크를 먼저 칠하는데, 바깥쪽은 위험하므로 남편이 사다리를 가져다 놓고 한다.

처음 칠할 때는 어떻게 해야 할지 몰라서 우왕좌왕하느라 얼굴에 오일이 묻고, 옷 여기저기 튀겨서 웃기도 하고 화를 내기도 했다. 화를 낼 때는 서로 기분도 상하지만, 남편은 이내 중재를 하며 즐겁게 하자고 다독인다. 일이 아니라 그림 그리듯이 하자고 말하니 화가 누그러지고 금세 콧노래가 나온다. 한 해, 두 해 칠하다 보니 이젠 아이들도 오일이 묻거나 말거나 신경 쓰지 않고 구석구석 빠뜨린 곳이 없는지 살피기까지 한다. 청소년인 아이들은 좋아하는 음악을 크게 틀어놓고 노래를 부르면서 한다. 스마트폰을 통해 흘러나오는 노래는 어느새 가족 떼창이 되기도 하고, 각자 추억을 이야기하며 시간 가는 줄 모를 때도 있다.

데크 칠하는 일이 끝나면 다 같이 수고와 칭찬을 건넨 후, 바비큐를 해 먹거나, 좋아하는 특별음식을 먹으며 수고로움을 달랜다. 이럴 때, 아이에게는 기분 좋게 용돈 보너스를 주기도 한다.

어느 가정이나 주인의 손길이 필요한 곳이 있다. 가족끼리 어설프더라도 할 수 있는 일이라면 아이와 함께해보자. 전문가를 부르는 인건비로 온 가족이 힘을 합해 관리하는 것이다. 처음 시작할 때는 서로 손발이 맞지 않아 티격태격하기도 하지만, 어느새 익숙해지면 가족 간의 유대감도 느끼고 단합의 계기가 된다.

혼자 하기 힘든 베란다 대청소하기, 화분 분갈이하기, 더러워진 벽지 일부 새것으로 바르기, 낡은 소형가구 리폼하기, 가구 배치 바꾸기… 등 각 가정의 형편에 맞는 일을 협력해 함께해보자.

일할 땐 힘들지만, 집 안 구석구석 우리의 손길이 닿아 있는 것을 보면, 가족만의 추억이 쌓여 뿌듯함은 배가 된다.

창업 단계 : 창업을 시작하는 아이

용돈 교육 강의를 하다 보면 자극을 받아 용돈 관리를 시작하는 어린이들의 실천사례를 듣게 된다. '아이의 떡잎이 보이는 위대한 순간'이라고 해야 할까?

한번은 경제 놀이터를 경험했던 한 아이가 집에서 팔 물건을 골똘히 생각하다가 텃밭에 지천으로 널린 미나리를 떠올렸다고 한다. 아이는 당장 이것을 팔아야겠다고 생각해 미나리를 자르고 신문지에 정성껏 담아 사줄 사람을 찾았지만, 시골 동네라 지나가는 사람조차 없었다. 그때 마침 학교 운동장에서 학교를 둘러보시던 교장 선생님이 눈에 들어왔고, 아이는 교장 선생님께 미나리를 사시라고 건넸다. 그러자 교장 선생님은 장난으로 여기지 않고 그 아이가 뜯어온 미나리를 돈을 내고 사셨다고 한다. 나는 그 이야기를 듣고 이 아이가 어떻게 자랄지 매우 궁금했다. 아이의 엄마에게는 "앞으로 워런 버핏(Warren Buffett)과 같은 미래 자산가로 성장할 떡잎이니 경제적 자극을 많이 주세요"라고 당부했다. 교장 선생님도 이와 같은 마음으로 미나리를 사시고 아마도 행복하게 드셨을 것이다.

《우리 아이 기초공사》 정은진 작가의 가정에도 창업하는 어린이가 있다. 정은진 작가는 자녀가 용돈을 어떻게 사용하는지 관여하지는 않지만, 저축을 배워야 할 것 같아서 고3 졸업할 때까지 모은 돈의 두 배를 성인식 선물로 주겠다고 했더니 아이들은 전보다는 열심히 저축하려고 했다는 것이다. 그중 한 아이는 용돈을 벌겠다고 가게 1탄으로 '윤스 김밥'을 오픈하더니 2탄으로 '윤스 토스트'를 만들어 팔겠다며 포스터도 만들었다. 처음보다 나날이 발전하는 아이의 모습을 보며 놀라워하고 있다는 글을 페이스북에서 보았다. 이 아이는 얼마나 많이 고민했을까? 메뉴도 메인 메뉴와 출시 메뉴, 추가 메뉴까지 생각해 치즈와 소스, 음료, 간식까지 꼼꼼히 적어놓았다. 페이스북에 올라온 포스터를 보고 있자니 이 아이의 떡잎이 보이는 것 같아 가슴이 벅차올랐다. 초등학생이지만 도전 정신과 목표 의식이 뚜렷해 폭풍 칭찬을 아끼지 않았다. 멀리 있어 당장 갈 수는 없지만, 언젠가 '윤스 토스트'를 사 먹으러 가서 마음껏 격려해주고 싶다. 창업의 날개를 활짝 펴서 아이의 꿈이 이루어지길 기도하며 응원한다.

용돈을 버는 방식은 아이마다 다르다. 집에서 시작하는 꿀알바를 통해 재능도 키우고 사회 경제의 일원으로서 성장할 수 있도록 지지하고 격려하는 것이 부모 역할이다. 조그만 실수를 지적하기보다는 작은 실천이라도 하게 해주자. 아이 스스로 용돈을 벌고 관리할 수 있도록 가정이 훌륭한 연습 장소가 되어 멍석을 깔아주자.

아이는 목표와 전략을 세우고 스스로 노력해 자신의 가치도 올릴 수 있다. 자신이 할 수 있는 것을 알게 되고, 있는 그대로의 '나'를 사

랑하며, 건강한 몸과 마음으로 자라 자기의 부를 현명하게 사용할
줄 아는 멋진 사람이 되도록 가정에서의 경제 훈련을 지금 바로 시
작해야 한다.

04

—

모든 집안일에 돈으로
보상하는 것은 경계하자

집안 꿀알바를 통해 아이에게 용돈을 주면서 실패를 경험한 적도 있다. 집안 꿀알바에 한참 재미가 붙을 무렵, 아이들에게는 점차 가지고 싶은 것, 하고 싶은 것 등 돈을 모을 목적이 생겼다. 아이들에게 목표 의식과 꿈이 있음이 기특했다. 나는 빨리 돈을 모으게 해주고 싶다는 마음에 아이들에게 가게를 차리듯 회사를 차려 아빠나 엄마가 회사에서 일하고 돈을 벌어오듯 각자의 할 일에 월급(용돈)을 정해 운영해보자는 제안을 했다.

일단 회사를 운영해본다는 취지는 좋았는데, 임금을 받기 위한 각자의 할 일에 집안일과 아이의 할 일을 포함했다. 예를 들면, 자기 방 청소, 해야 할 공부(수학 문제 풀이, 영어 공부, 독서, 글쓰기 등)도 포함시켰다. 자기 할 일을 포함한 이유는 각자의 역할도 목표 의식을 가지고 꾸준한 습관으로 이어질 수 있도록 하고 싶었기 때문이다.

월급(용돈) 기입장을 통장처럼 만들고 매일 한 일을 적었다. 금액을 확인하고 얼마의 돈을 벌었는지 정산한 후, 2주에 한 번씩 월급을 지급했다. 처음에는 열심히 적는 듯했고 매일 체크하며 해야 할 일을 잘 이루어가는 듯 보였다. 하지만 문제는 하기 싫은 날도 있었고, 아이들은 애초에 이 방법으로 용돈을 많이 벌고 싶다는 욕심이 없었다. 가끔 친지로부터 큰 용돈을 받는 일이 생기거나, 목표 의식이 희미해지는 때는 용돈을 벌기 위해 열심히 노력하지 않았다. 아이는 어른처럼 당장 먹고살아야 하는 절박함은 없기에 꼭 해야만 하는 당위성과 책임이 덜한 것이다.

목표는 있었지만, '이것을 꼭 이루어야만 하나?'라는 의문을 가지게 되었고, '해도 그만 안 해도 그만'이라는 생각을 하며 한 칸, 한 칸 채워가는 일이 버겁게 느껴졌다. 아이 스스로 정한 목표지만, 방법적인 면에서 문제가 있는 건 아닐까 고민하게 되었다. 부모의 채근이 이어지고 아이는 마지못해 칸을 채워가는 무성의함까지 보였다. 이대로는 안 되겠다는 생각에 가족회의를 열었고, 아이들의 의견을 물었다.

"너희가 목표를 정했고, 회사를 잘 운영해서 용돈을 많이 벌었으면 했는데 잘 안 되는 이유가 뭘까?"

답은 간단했다. 할 일을 하고 임금 관리 대장에 기록한다는 것이 싫다는 것이었다. 결국, 기록함으로써 눈으로 확인하고 싶었던 내 마음이 오히려 아이들에게 부담이 되었던 거다. 즐겁게 하던 일이 뭔가 해야만 하는 일로 느껴지기 시작하면서 '꿀알바'의 의미가 퇴색 될 수밖에 없다.

또 한 가지는 각자 매일 꼭 해야 하는 일에도 용돈을 주다 보니 내가 꼭 해야 할 일이 아니라, 용돈을 받고 싶으면 하고, 받지 않아도 되겠다 싶으면 자기 할 일임에도 불구하고 하지 않는 이상한 논리가 펼쳐졌다. 결국 용돈을 더 많이 벌게 하려고 차린 회사는 자연스럽게 폐업하게 되었다. 다시 처음으로 돌아가 각자의 할 일은 매일 하되, 집안일이나 특별한 이벤트가 있을 때 용돈을 지급하는 것으로 회의는 마무리되었다.

목표 의식이 강하고 눈으로 보는 데이터의 기록을 좋아하는 아이라면 자기만의 회사 운영시스템을 추천하지만, 기록에 흥미를 느끼지 않는 경우는 실패할 우려가 있기에 추천하지 않는다. 만약 가정에서가 아닌 여러 그룹이 모인 모임이라면 가게 운영을 통한 용돈 모으기는 눈으로 확인할 수 있는 데이터와 자극이 되므로 활용해보아도 좋다. 실제로 '학급 화폐'를 통한 금융 교육을 하는 《세금 내는 아이들》의 옥효진 선생님은 스스로 돈을 벌고 쓰고 모으고 투자하는 교실 속 작은 경제 국가를 만들어 현명한 경제 생활을 경험할 수 있도록 학급을 운영하고 있다.

실패의 경험을 통해 우리는 세 가지의 유의미한 결론을 얻었다.

첫째, 아이가 꼭 해야 하는 자기 역할에는 용돈을 주지 말자. 가족 구성원으로서 모든 것이 돈으로 연결되어 있다면, 돈이 없어진 상황에서는 자기 할 일조차도 하지 않는 부작용을 낳을 수 있다.

둘째, 용돈을 주고 기입장을 꼼꼼히 적는 건 아이의 성향에 맞게 하자. 용돈 기입장은 어른으로 치면 가계부다. 어른도 가계부를 적는 것이 쉬운 일은 아니다. 요즘은 용돈 관리 어플도 나와 있으니 아이의 성향에 맞게 용돈 관리를 즐겁게 유지할 수 있도록 하자.

셋째, 결과 도달까지 꾸준한 동기부여를 하자. 처음의 마음가짐을 잊지 않도록, 수많은 과정을 거쳐 결과에 도달할 수 있도록, 칭찬과 격려, 그리고 노력에 따른 결과를 예측할 수 있도록 동기부여하는 것은 매우 중요하다. 자신의 목표를 잊어버리거나 방향을 잃을 수 있기에 하고 싶은 일과, 이것을 이루기 위해 해야만 하는 일에 대해서도 질문한다. 이 질문은 미러링(거울로 비추기) 과정으로, 다른 사람의 질문을 통해 자신을 돌아볼 수 있고, 목표를 벗어났을 때 다시금 방향을 잡을 수 있는 중요한 동기부여가 된다.

용돈 꿀팁 : 내 아이 동기부여를 위한 질문

"혁아, 너는 꿈이 뭐니?"
"네가 하고 싶은 건 뭐야?"
"왜 하고 싶어?"
"꿈을 이루기 위해서는 뭐가 필요할까?"
"꿈을 이루면 뭐가 좋아?"
"그래서 네 기분은 어때?"
"힘들지만 꼭 필요한 일은 뭘까?"
"꿈을 이루고 나면 어떤 기분일까?"
"꿈을 이루고 나니 어떤 걸 느꼈어?"

5장

경제 교육의 필수
: 만족 지연 능력 기르기

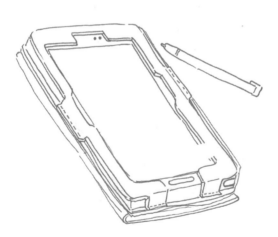

"네가 만들기를 하는 이 시간은
다시 돌아오지 않을 것이고,
미래에는 이 모든 것이 쌓여
더 큰 네가 될 거야"

01

사고 싶은 물건이 있다면
한 번 더 따져보기

아이들의 소비는 어른처럼 이유나 목적이 딱히 없다. 그냥 예쁘니까, 갖고 싶어서, 다른 친구도 있으니까 등 이유가 단순하다. 나는 마트에 갈 때 가능하면 아이들을 꼭 데려간다. 새로 나온 상품도 구경하고, 사람들의 필요에 따른 소비가 어떻게 일어나는지 보여주고 싶기 때문이다. 또한, 새로운 물건도 처음에는 신기하지만, 자주 보게 되면 꼭 사야 할 이유가 사라진다. 아이가 물건을 사달라고 떼를 쓰는 경우는 내게 없는 물건이라는 것과 처음 보는 물건에 대한 호기심이다. 새로운 물건을 보며 어떤 물건인지, 어떻게 사용하는지 아이와 대화를 나누며 찬찬히 살펴보면 굳이 내게 필요하지 않다는 것을 알게 된다. 자주 접하게 되면 꼭 필요한 물건인지 한 번 더 생각해보게 되고, 사야 할 이유가 줄어들면서 관심 밖으로 밀려

나게 된다.

아이가 사고 싶어 하는 물건이 있을 때는 꼭 사야 할 이유를 물어본다. 마트를 돌며 사야 할 이유 세 가지를 생각해보고 엄마를 설득하라고 했다. 처음엔 이유가 단순하다. '예쁘니까', '신기해서', '우리 반 친구 누구는 갖고 있어서'라는 식이다. 조금 더 사고가 유연해지면 '저렴하니까', '한 개를 더 주니까' 등의 이유를 댄다. 말과 생각이 조금 더 정교해지면 정말 필요한 이유를 찾으려고 애쓴 노력이 보이는 그럴듯한 이유를 말하기 시작한다. 처음엔 질문에 당황하거나, 엄마는 치사하게 그것도 하나 안 사주냐고 화를 내기도 한다. 하지만 조금만 인내하면 아이는 곧 생각을 바꿔 엄마를 설득하려고 노력한다.

훈련이 조금 더 되었을 때는 마트에 가기 전부터 사야 할 이유를 나열하기 시작한다. 세 개가 아니라 다섯 개의 이유도 거뜬히 말한다. 처음엔 장난으로 답하는가 싶지만, 생각이 논리를 갖게 되면 '내게 정말 필요했던가'를 생각하고 말하게 된다. 사줄 수 없다는 이유 또한 명확해야 한다. 고리타분하게 '엄마가 어렸을 때는 이런 것도 없었다'거나, '가난한 아이들은 갖고 싶어도 못 갖는다'라는 옛날 방식의 설득은 사용하지 않는다.

지금 아이는 풍족한 세상에 살고 있다. 물건을 소유하는 것이 당연한 세계일 수 있다. 하지만 소유를 위해 소비하는 일에 조금 더 신중하길 바란다. 사놓고 보면 비슷한 것이 집에 있기도 하다. 소비는 환경 오염의 또 다른 원인이 될 수 있다는 것을 알게 하는 것도 중요하다. 소비에 신중해야 하는 이유다.

용돈 꿀팁 :
내 아이가 꼭 필요한 물건인지
한 번 더 물어보기 위한 질문

"율이야, 이 물건 네가 꼭 갖고 싶은 거니?"
"이 물건이 정말 필요한 거니?"
"어디에 사용할 거니?"
"집에 비슷한 것은 없니?"
"같이 만들어볼까?"
"네가 만들어 사용할 수 있을 것 같아."

02

사고 싶은 물건 비교는
선택이 아닌 필수

딸아이는 그림 그리는 것을 좋아한다. 매일 시간만 되면 하는 일이 그림 그리는 것이다. 그림도 캔버스에서부터 작은 종이 조각, 액정 타블렛에 이르기까지 다양한 곳에 그림을 그린다. 동물을 좋아하던 아이는 동물을 웹툰으로 그리기 시작하더니, 어느 날 갑자기 그림 전문용 액정 타블렛을 사야겠다고 했다.

사고 싶은 물건, 가격 알아보기

"엄마, 그림 그리는 액정 타블렛 사고 싶어요. 가격을 찾아보니 40만 원은 모아야겠어요"라며 자기 형편에 맞는 액정 타블렛을 사기 위해 목적 통장에 돈을 모으기 시작했다. 이미 목적 통장의 사용이

익숙해진 탓에 굳이 말하지 않아도 자기가 갖고 싶은 액정 타블렛을 구매하는 데 필요한 비용을 계산해본 것이다.

2019년 6월, 미국 여행을 다녀온 후 아이의 쓰기 통장 잔액은 26,335원이었다. 액정 타블렛이 갖고 싶어 제품을 검색하니 사고 싶은 O사의 가격은 최소 40만 원이었다. 아이는 돈이 한참 부족하다며 쓰기 통장에 더 큰 비중의 돈을 나누어 저금하기 시작했다. 그렇게 2021년 1월 26일까지 430,443원을 모았다. 드디어 액정 타블렛을 살 수 있겠다고 들떠서 신이 났다.

상품 비교하기

다시금 최신 정보로 업데이트된 제품을 검색하기 시작했다. 딸아이가 생각한 O사는 13인치가 약 41만 원, 16인치는 70만 원대였다. 액정이 조금 큰 기종을 원하는데, 가격 차가 너무 크다. 가격이 더 저렴한 타 회사 것도 찾아본다. X사의 15인치가 50만 원이다. 돈이 부족하다며 조금 더 모아야겠다고 하더니, 이후 50만 원의 목표 금액을 초과했는데도 꼭 필요한지를 생각했다.

꼭 필요한지 한 번 더 생각하기

"엄마, 액정 타블렛은 갖고 싶은데요, 탭으로 그림을 그리고 있으니 지금 꼭 필요한 것은 아니에요. 조금 더 모아서 진짜 갖고 싶은 것을 살래요" 하며 당장 사는 것을 잠시 미루는 것이다. 딸아이의 결단에 다소 놀랐다. 사고 싶은 것이 많은 중학생인데, 어떻게 이런 만족 지연 능력이 생겼을까?

지나온 시간을 돌이켜보았다. 마트에 데려간 아이에게 사고 싶은 물건이 꼭 필요한지 생각해보라고 했던 질문들이 오랜 기간 쌓이다 보니 효과를 본 것이다. 아이는 갖고 싶은 물건에 대해 스스로 질문을 던지며 생각해본다고 했다. 지난날 마트를 가거나 물건을 살 때 공부하듯 끊임없이 물어보고, 사고 싶은 이유를 생각하라고 채근했던 그 결실을 보는 듯했다. 정말 기뻤다.

《행복한 어른이 되는 돈사용 설명서》의 저자 미나미노 다다하루(南野忠晴)는 소비를 부추기는 광고회사에서 내놓은 '전략십훈'에 반대하는, 현명한 소비자를 위한 '반(反) 전략십훈'을 생각했다. '반 적략십훈'을 지키는 사회 구성원이라면 자원·에너지·환경·공해 문제도 함께 생각하며 소비할 수 있다. 꼭 필요한지 한 번 더 생각할 때 적용해보자.

- 물건은 최소한으로 사자.
- 산 것은 가능한 한 오래 쓰자.
- 필요 없는 것은 사지 말자.
- 계절에 맞는 생활을 하자.

- 선물을 하지 말자(원하지 않는 물건을 주고받는 것에 불과할지도 모른다)
- 단품으로 사자(묶어서 파는 상품은 불필요한 것까지 사게 된다)
- 충동적으로 사지 말자.
- 무작정 유행을 따르고 싶은지 진지하게 생각해보자.
- 사기 전에 먼저 한 번 더 생각하자.
- 침착하자! 정말 필요한 물건인지 다시 확인하자.

욕구 절제 : 눈앞에 마시멜로를 먹지 않고 기다리기

스탠퍼드대학 심리학자 월터 미셸(Walter Mischel) 박사가 1970년 스탠퍼드대학 부속 유치원에서 실시한 '마시멜로 실험'은 이제 전 세계 누구라도 알 만큼 많이 회자되었다. 아이에게 충분한 설명을 한 후, 15분 동안 마시멜로를 먹지 않고 기다리면 한 개를 더 준다고 했지만, 한 개를 더 먹기 위해 기다린 아이는 30%에 불과하다는 이야기다. 만족을 위해 자기 욕구를 절제할 수 있다는 것은 참 어려운 일이다. 이 실험에서 참고 견디어 한 개를 상으로 더 받아낸 아이는 대학수학능력 시험 점수도 월등히 높았다고 한다. 나는 대학 과정에서 이 실험 이야기를 처음 듣고 나중에 자녀에게 가르쳐야겠다고 생각했다.

자기 욕구를 절제할 수 있는 능력을 키워주고자 마트를 돌면서도 그렇게 쉴새 없이 질문하며 강조한 덕분에 갖고 싶은 물건을 눈앞에 두고도 참을 수 있는 인내가 아이에게 생긴 것이다. 그간의 노력이 헛되지 않아 하늘을 날 듯이 기뻤다. 물론 아이에게는 표현하지 않았다. 다만, "엄마도 네가 꼭 필요할 때 샀으면 좋겠어. 앞으로 더 좋은 것이 나올 테고, 정말 사고 싶을 때 엄마가 함께 골라줄게"라며 아이의 선택을 응원해주었다.

03

내가 만든 물건은
더 소중하다

아이가 어렸을 때 나 홀로 육아로 힘들었던 시기가 있었다. 모두가 어린이집, 유치원, 학원에 보낼 때 나는 유치원 교사였던 엄마니까 남들과 다르게, 조금 더 즐겁게 아이들과 지내고 싶었다. 하지만 24시간 이어지는 양육 스트레스에 하소연하며 공감이라도 얻고 싶은 심정이었다. 때마침 '홈스쿨링'이라는 단어로 검색해 네이버 블로거 '작은 씨앗'을 알게 된 것은 EBS에서 방영된 '장난감 없는 집'을 통해서다. 방송 제목 그대로 집에는 책뿐이었으며 아이들과 책 읽고, 미술, 요리, 글쓰기, 산책 등 많은 활동이 장난감을 대신하고 있는 모습에 "바로 저거야!" 하며 내가 꿈에 그리던 양육의 모습에 힘을 얻었다.

이후 육아에 지칠 때면 블로그에 방문해 게시된 활동들을 보며 따라 하기도 하고, 아이들에게 장난감을 사주기보다 도서관을 더 자주 방문하고, 공원에서 뛰어노는 것으로 대신했다. 혹여라도 마트에서 장난감이 사고 싶다고 하면, "엄마랑 만들어볼까?", "혁이가 만들 수 있을 것 같아", "어떻게 만들면 될까?" 하고 질문하며, 장난감을 사기보다 만들 방법을 생각하게 했다. 이렇게 택배 박스는 신나는 장난감 재료가 되어 집이 되기도 하고, 자동차가 되기도 하며 그 어떤 장난감보다 변신의 즐거움이 있었다. 사용하고 난 플라스틱, 스티로폼 용기들은 깨끗이 씻어 말린 후 곡식을 넣어 악기로 탄생했고, 벽은 도화지가 되어 마음껏 그릴 수 있는 화폭이 되었다.

그렇게 시작된 어렸을 때의 경험이 청소년이 된 지금은 올바른 소비 습관으로 이어져 상품을 사기보다 만들 방법을 연구하게 되었다. 그리고 완제품보다는 재료를 사서 공예품, 놀잇감, 미술작품으로 완성했다. 부모에게 장난감을 사달라고 조르기 전에 어떻게 하면 만들 수 있을까를 더 고민하는 모습이 굉장히 기특하다. "네가 만들기를 하는 이 시간은 다시 돌아오지 않을 것이고, 미래에는 이 모든 것이 쌓여 더 큰 네가 될 거야"라고 칭찬하며 엄지를 치켜들면 아이는 세상 행복한 웃음을 짓는다. 자신이 만든 물건은 우주만큼 위대했고, 보석처럼 소중하게 여겼다.

피터 레이놀즈(Peter H. Reynolds) 작가의 《점》에서 주인공 베티는 그림 그리기를 매우 두려워한다. 미술 시간이 끝나가는데 아무것도 그리지 않은 베티를 보며 뭐라도 괜찮으니 하고 싶은 대로 해보라고 하는 선생님의 말에 베티는 연필을 내리찍듯 점을 찍는다. 선생님은 그다음 주에 아이의 작품을 금테액자에 넣어 전시해주었고, 그 후 베티는 점만 열심히 그린다. 하지만 학교 전시회에서 베티의 점 그림들은 인기가 대단했다.

동화 속 베티의 창조 능력을 일깨워준 것은 선생님이다. 장난감보다 아이가 가지고 있는 가능성을 펼칠 수 있는 환경과 어른의 칭찬은 크게 성장할 수 있는 발판이 된다. 소비를 줄이고 가능성을 펼치기 위한 환경, 다음과 같이 마련해보자.

① 창조가 가능한 자유로운 환경을 제공하라.
② "안돼"라고 말하기보다 되는 방향을 생각하라.
③ 한 가지 목적뿐만 아니라 두 가지 이상의 목적이 가능하도록 만들어라.
④ 실생활에서 필요한 것을 만들어라.
⑤ 선물을 사서 주는 것보다, 만들어 가치 있게 활용하라.
⑥ 가족이 함께 협동작품을 만드는 시간을 가져라.
⑦ 아이가 만든 물건에 대해 구체적인 말로 칭찬하라.

6장

가족이 함께하는
경제 이야기

용돈교육은 처음이지?

'기후를 단 1도라도 낮출 방법은 무엇일까?'
가끔 쟁점이 되는 신문 기사를 보며
사회 문제를 인지하거나,
사회 경제에 조금더 관심을 두도록 한다.

01
—

가족이 함께 읽는
경제 책

　우리는 '가족'이라는 울타리를 조금 더 촘촘히 하고자 유의미한 활동을 하고 있다. 가족 도자기 체험(한 달에 한 번), 텃밭 가꾸기, 목공놀이, 집안일 협업하기, 함께 요리하기, 산책하기, 여행(여행은 코로나19 이전) 등. 이것은 여러 이유가 있겠지만, 청소년인 아이들이 이제 곧 성인이 되면 함께할 수 있는 일이 줄어들 테니 후회 없이 자녀와의 추억을 많이 쌓으려는 의도로 시작되었다. 어릴 적, 엄마 치맛자락 붙잡고 껌딱지처럼 붙어 다닌 때는 행복과 고단함의 양가 감정이었다. 아이들에게 부모 손길이 필요한 그 순간이 영원할 줄 알았지만, 아이들은 사춘기가 되면서 각자의 시간이 조금씩 더 필요함을 알게 된다.

　가족이 함께 밥을 먹고, 집안일하고, 텃밭 가꾸는 취미가 영원하지는 않을 터다. 그 영원하지 않을 때를 생각하며 후회가 없길 바랐다. 더 많은 것을 함께하자고 했고, 그렇게 시작된 것이 가족 낭독 시간이다.

가족 낭독 시간에는 매달 한두 권의 책을 함께 읽는다. 한 권의 책을 정해 서로 돌아가면서 한 꼭지씩 읽는 것이다. 처음에 얇은 책으로 시작했을 때나 함께할 시간이 더 많았을 때는 한 달에 두세 권을 읽기도 했는데, 지금은 한 권도 쪽수가 많거나 시간을 내기 어렵거나 하는 이유로 한두 달이 걸리기도 한다.

주로 아이들의 흥미에 따라 책 선택권을 주었고, 종종 부모인 우리가 필요에 따라 의견을 내기도 했다. 가족 낭독 시간은 책을 통해 더 많은 세상을 접하게 하고 싶었고, 책을 낯설지 않게 습관으로 받아들이기를 바랐던 욕심도 작용했다. 그래도 역시 기본 바탕은 책을 즐기고, 함께하는 시간을 누리기 위함이다.

가족 낭독 시간의 진행은 다음과 같다.

① 온 가족이 모일 수 있는 시간을 정한다.
② 핸드폰은 잠시 시선이 닿지 않는 곳에 둔다.
③ 선정된 책을 준비한다.
④ 책 읽을 순서를 정한다.
⑤ 가족 구성원 각자 한 꼭지(가능한 분량을 정한다)씩 돌아가면서 읽는다.

⑥ 읽은 부분을 표시하고, 다음 읽을 날짜를 미리 정해 낭독 시간에
참여할 수 있도록 시간을 관리한다.

아이들의 용돈 관리를 점검하고 돈의 쓰임에 대해 조금 더 알아
가고자 김영옥 작가의 《용돈교육의 마법》을 읽었다. 책을 한 꼭지
씩 나눠 읽으며 자기 자신을 돌아보는 시간을 가졌다. 용돈 관리를
잘한 부분에서는 공감하고, 유익한 내용이 나오면 어떻게 적용해보
아야 할지 서로의 의견을 물었다. 어려운 용어가 나올 때는 인터넷
도 검색하며 자연스럽게 토의도 이어졌다.

'스마트폰을 사줄 때 필요인지 욕구인지를 구분해 기다리는 미학
이 있어야 한다'라는 글을 보고 아들이 말했다.

"엄마, 핸드폰이 갖고 싶긴 하지만 굳이 최신형은 아니어도 돼
요."

딸도 오빠의 말에 동의했다. 마음이 조금 놓였다. 아이들이 핸드
폰에 대한 욕구와 빨리 가지지 못한 것에 대한 불평을 늘어놓을 때
만 해도 최신 핸드폰이 갖고 싶다거나, 꼭 스마트폰이어야 한다거
나 했지만, 바로 해주지 않고 기다리는 동안 아이들의 마음의 욕구
가 조절된 것이다. 이제는 "폴더폰도 괜찮아요", "카카오톡이나 전
화만 되어도 좋으니 연락의 수단으로 핸드폰이 있으면 좋겠어요"라
고 말했다.

책을 읽으며 감사했다. 스마트폰을 늦게 사준다는 이유로 논쟁

이 오갈 수 있는 상황이지만, 책을 함께 읽으며 공감하고, 서로의 생각을 말하고 조절해가는 과정을 나눌 수 있다는 것만으로도 천군만마를 얻은 듯했다. 우리는 이렇게 풀리지 않은 의견 차이가 있을 때, 비슷한 내용을 다른 책을 읽으며 지혜를 얻는다.

돈을 제대로 알고, 올바르게 사용해야 한다고 말하면서도 시장경제 흐름에 대해서는 부모 세대도, 자녀 세대도 제대로 배운 적이 없다. 어릴 적, 당장 배고픔을 해결해야만 했던 근로소득 시대(일하지 않은 자는 먹지도 말라)만을 생각한다면, 아이디어가 돈을 버는 시대인 지금의 디지털 경제를 이해할 수가 없다. 경제에 무지한 주관적 의견을 자녀에게 가르친다는 것은 엄마 꽃게가 옆으로 걸으면서 어린 꽃게에게 앞으로 걸으라고 말하는 것과 무슨 차이가 있겠는가? 이럴 때 우리는 책을 이용한다. 우리 가정의 실정에 맞는 책을 고르고 함께 읽으며 전문가들의 지식을 배운다.

경제에 관한 이야기뿐만 아니라, 현재 아이들이 배우고 있는 것과 부모가 알고 있는 지식에는 간극이 존재한다. 이로 인해 이견이 좀처럼 좁혀지지 않거나 의사전달이 미흡해 갈등을 겪는 경우도 종종 있다. 그것을 아이가 사춘기라서 그렇다고 치부하기보다는 그 틈새를 좁힐 방안으로 우리는 책을 선택했다. 부모가 전달하면서 단순히 "라떼는 말이야"라는 구식 사고방식을 고집하기보다 관련된 책을 함께 읽으며 객관화하는 것은 의견을 받아들이는 데 매우 유익하다. 각자의 의견을 객관화하다 보면 서로의 생각도 구체적으로 알게 되고, 그 중간지점을 찾아 협상도 할 줄 아는 토론으로 이어지게 된다.

'가족 낭독 시간'을 가지면 좋은 점은 무엇일까?

첫째, 가족 간의 소통의 시간이 된다.

한 꼭지씩 돌아가면서 읽다 보면 서로 의견이 다른 때도 있다. 이때 한쪽 의견만 옳다거나 다른 것은 무조건 틀리다가 아니라, 자신의 의견을 말하면서 왜 그렇게 생각하는지 자연스럽게 서로의 의견을 나누고 소통하게 된다.

둘째, 자신감이 생긴다.

다른 사람이 들을 수 있도록 하려면 발음을 정확히 하거나 큰소리로 읽어야 한다. 이러한 낭독 시간이 쌓이면서 목소리와 발음이 향상되고 점점 자신감을 느끼게 된다.

셋째, 책을 읽는 과정에서 새로운 지식과 작가의 지혜를 습득하게 된다.

넷째, 궁금증이 생기고 질문이 많아진다.

아이들의 질문에 왜 그럴까를 생각하는 과정, 답해주는 과정을 통해 창의적 문제해결력을 갖게 된다.

다섯째, 부모와 자녀, 자녀와 자녀, 남편과 아내 간의 유대감이 형성된다.

그동안 맞벌이에, 바쁜 삶에 지쳐 가족과의 소통을 잃어버렸거나 자녀가 무엇을 원하는지, 내 가족이 무엇을 좋아하고, 싫어하는지 조금씩 알아가는 시간이 필요하다면, 가족 낭독 시간을 가져보면 어떨까?

낭독이 처음일 경우, 성취감을 위해 주의할 점은 다음과 같다.

- 쉽고, 재미있는 책이어야 한다.
- 소설책, 유머가 있는 에세이, 삶의 지혜가 담긴 이야기, 쉽게 풀어쓴 역사책도 좋다.
- 부모의 강권이 아닌 자녀에게 책을 선택할 수 있는 선택권을 주자.
- 책을 읽을 분위기를 마련한다(우리는 잠자기 전 이불 속에 옹기종기 모여 읽기도 했다).
- 책 읽기 전, 맛있는 차 또는 간식을 간단히 먹는다. 배고프거나 너무 배가 부르면 책 읽기에 집중할 수 없다.

가족의 행복한 낭독, 즐거운 시간이 되길 응원한다.

02
—

가족이 함께 읽는
경제 신문

이상기후가 우리 경제에 미치는 영향

이상기후가 심각하다는 신문 기사를 보다가 아이들과 함께 읽어 보고 싶어 가족밴드에 공유했다. 아이들이 귀가하고 식탁에 둘러앉아 학교에서 지냈던 이야기를 주고받는다. 이 시간에는 아이들의 이야기도 듣지만, 나 역시 어떻게 지냈는지, 누굴 만났는지 어떤 일이 있었는지도 시시콜콜 이야기한다. 그러다 대화가 끊길 무렵, 아이들의 주의를 환기시키며 질문을 했다.

"얘들아, 올리브는 어디서 자라는지 알아?"

"그야 유럽이지?"

"올리브, 그거 피자에 올라가는 까만 열매 맞지?"

피자 위에 올라간 까만 올리브를 좋아하는 아들이 말했다.

"응, 맞아."

"근데 그걸 왜 물어봐요? 엄마도 알면서….."

"그렇지. 엄마도 알고 있지. 올리브유로 이탈리아가 유명하고, 중동 지역이나 성경 시대 속 겟세마네 동산도 올리브 나무가 많은 곳이지. 그런데 우리나라에서도 올리브 나무를 키우는 사람이 있대."

"정말요?"

"그럼. 엄마가 오늘 신문에서 읽었는걸."

"화분이나 뭐 그런 데서 키우는 거 아닐까요?"

"그 정도가 아니고 올리브 수확을 위해 키우고 있다는 거야. 이 것이 왜 깜짝 놀랄 일인지, 이 기사를 한번 읽어보자."

매년 폭염에 타버리는 작물을 보며 속을 태웠던 주 씨는 몇 년 전부터 전라남도 고흥에서 올리브를 키우고 있다. 19년간 전라북도 익산에서 농사를 짓다 보니 한반도가 점점 뜨거워질 것이라 예상했기 때문이다. 그가 선택한 건 남유럽과 중동에서 자라는 올리브다. 영하 10도면 얼어 죽는 올리브를 키운다고 했을 때 주변 모두가 제정신이 아니라고 말렸다.

주변의 만류에도 불구하고 올해 주 씨의 올리브 농사는 5만 3,000평의 안정적인 규모에 접어들었다. 그는 "기온 변화를 피부로 느낀다"라며 "기후 변화로 피해가 크니 농민들도 대체 작물을 고민한다"라고 말했다.

[2021년 3월 4일 _〈헤럴드 경제〉_김빛나 기자]

이어지는 기사 내용은 뜨거워진 지구는 한반도 농가를 바꿔놓았고 농부들은 배추, 사과 농사를 포기하고 아열대 작물로 채우고 있다고 했다. 결국, 올해는 한 단에 2,000원 남짓하던 대파 가격이 7,000원 전후까지 폭등했다. 그 이유가 이상기후 때문이라고 했다. 해수 온도 상승으로 동해에서 많이 잡히던 명태는 러시아로 이주하고 아열대성 희귀 어종들이 그 자리를 차지하고 있다는 것이다.

신문 기사를 읽고 질문을 이어갔다.

엄마 : 얘들아, 우리나라에서도 올리브 나무가 자라면 좋을 것 같은데, 왜 위기라고 말하는 걸까?

딸 : 그건 이상기온으로 점점 더워져서?

엄마 : 그렇지. 점점 더워져서 한반도에 심각한 문제가 발생할 수 있겠지. 그리고 또?

아들 : 우리가 먹는 농산물이 잘 자랄 수 없어요.

엄마 : 그렇지, 농산물이 잘 자라지 못하면 배춧값이 비싸서 우리가 매일 먹는 김치도 못 먹을 거야.

딸 : 맞아요. 엄마가 작년에 배추가 한 통 만 원이라고 브런치에 글도 썼잖아. 배추가 너무 비싸서 못 사 먹겠다고.

엄마 : 최근 쌀, 양파, 대파 등 농산물 가격이 급등하는 애그플레이션의 원인은 이상기후 때문이었대. 애그플레이션은 '농업(agriculture)'과 '인플레이션(inflation)'을 합친 말로, 농산물 가격의 오름세가 전반적인 물가 상승으로 이어지는 것을 뜻한다는구나. 우리나라뿐만 아니라 다른 나라도 이상기후로 농가 피해가 심각하대.

딸 : 올리브가 우리나라에서 나는 건 좋은데, 문제는 이상기후네.

엄마 : 그렇지, 이대로 가다가는 농산물 가격이 폭등하고 경제에 큰 영향을 줄 거야. 그럼 이 위기를 어떻게 이길 수 있을까?

아들 : 이상기후는 환경 오염의 원인이기도 하니까 재활용도 잘하고, 물건도 아껴 써야 해요.

엄마 : 그렇지. 또?

아들 : 농산물 가격이 오를 때를 대비해서 배추나 파를 심는다?

엄마 : 그래, 우린 텃밭이 있으니 우리가 먹을 농산물을 조금씩 심으면 되고, 아파트에 사는 사람은 화분을 이용해 파 정

도는 키워서 지출을 아낄 수 있겠지.

두 아이는 나와 이야기를 주고받으며 열띤 토의를 이어갔다.

엄마 : 그리고 또 뭐가 있을까?

딸, 아들 : 다른 건 잘 모르겠어요.

엄마 : 그럼 엄마가 조금 더 말해줄게. 농산물 관련 투자를 늘려서 농민들이 안정적으로 농사를 지을 수 있도록 돕는 것도 방법이 될 수 있어. 우리나라 기후환경에 맞는 농산물을 지속해서 연구하는 거지.

아들 : 그렇구나.

딸 : 엄마, 난 파를 좋아하니까 올해는 파를 많이 심어요.

우리는 짧은 시간이었지만 저녁을 먹으며, 이상기후에 따라 달라지는 한반도의 미래 농업에 관해 이야기했다. 이런 상황을 그냥 느끼는 것으로 그치는 게 아니라 실질적으로 국민의 한 사람, 온 우주의 한 사람으로서 기후 위기를 극복하려는 방법을 고민했다.

'기후를 단 1도라도 낮출 방법은 무엇일까?' 이렇듯 가끔 쟁점이 되는 신문 기사를 보며 사회 문제를 인지하거나, 사회 경제에 조금 더 관심을 두도록 한다. 이것은 단순히 인지 차원에서 그칠 것이 아니라, 실천 방안을 구체적으로 생각하고 문제를 해결해갈 수 있도록 자극을 준다.

자원 재활용 환경 운동이 필요한 이유

1997년 외환위기 이후 정부에서 주도한 '아나바다' 환경 운동은 자원을 재활용하자는 의미로 남녀노소 누구나 할 것 없이 환경 운동에 관심을 가지게 했다. 아나바다는 '아' 아껴 쓰고, '나' 나눠 쓰고, '바' 바꿔쓰고, '다' 다시 쓰고의 줄임말이다.

코로나19로 팬데믹 상황이 되자 아이들에게 미안한 마음이 더 커졌다. 발전이라는 이름으로 어른들이 마음껏 쓰고, 더 좋은 것을 위해 마구 훼손한 자연을 물려주게 된 것에 대해 말이다. 팬데믹 상황으로 겪지 않아도 될 수많은 패러다임의 변화를 겪으며, 아이들은 어른들을 얼마나 원망하고 살 것인가?

12살 소녀 세번 스즈키(Severn Cullis-Suzuki)의 1992년 UN 연설을 본 적이 있는가? 훼손된 환경으로 인해 벌어질 세상에 대해 전 세계에 알린 이 연설로 많은 이들이 감동했고 울컥한 마음을 지녔다. 하지만 이는 곧 사람들의 기억에서 사라졌고, 이따금 회자될 뿐 소녀의 제안을 실천하는 이는 극히 적었다. 그로부터 수십 년이 흐른 지금도 별반 달라진 것이 없고, 우리는 자연생태계의 흐트러짐과 인간의 욕망으로 새로운 바이러스를 맞이하게 되었다. 단순히 미세먼지 때문에 외출하지 못하는 것과는 차원이 다르다. 마스크 없이는 외출조차 할 수 없고, 바이러스가 옮겨올까 봐 걱정하며 이웃과 거리를 두어야 한다.

이웃과 거리만 두는가? 의심의 눈초리 또한 거둘 수 없다. 코로나 시대에 제일 먼저 떠오른 건 역시 환경 문제다. 전문가들은 지구 환경과 생물체를 지금처럼 함부로 사용하다가는 더 큰 바이러스의 습격으로 다가온다며, 우려를 나타낸다. 산업화의 고도성장은 마냥 좋아할 일만은 아닌 것 같다. 자연에서 썩지 않는 플라스틱과 알루미늄들은 고도의 기술로 넘쳐나지만, 정작 재활용되는 것은 미미한 수준이다.

내가 초등학교 다닐 때만 해도 학교마다 차이는 있겠지만, 매주 월요일은 자원을 모으는 날이 있었다. 고사리 같은 손에 페트병, 플라스틱, 음료수나 술병들을 하나씩 주워 등교했다. 가져온 자원을 선생님께 확인받고서야 교실로 들어갈 수 있었다. 이 캠페인으로 월요일이면 동네 어디를 가도 굴러다니는 페트병이나 유리병은 눈을 비비고 보아도 볼 수가 없었다. 어디 그뿐인가?

옷도 첫째가 입고 둘째, 셋째가 물려 입었다. 구멍 정도는 기워 입었고, 옷감이 상하면 천을 덧대어서라도 입었다. 하지만 지금은 어떤가? 리폼 기술이 뛰어남에도 구멍이 나면 그냥 버린다. 리폼보다 새로 사 입기가 더 쉽고, 비용도 별반 차이가 없기 때문이다. 멀쩡한 옷도 그냥 버려진다.

남자아이의 경우, 활동량이 많아 옷이 금방 찢어지고 구멍이 나는 것이 일인지라 이런 것은 물려주기 어렵다. 하지만 여자아이의 경우, 예쁘다고 산 옷이 참 많은데, 구멍도 나지 않고 옷도 제법 깨끗이 입어 상태가 괜찮다. 이럴 땐 주저하지 말고 나눠주자. 몇 번

입지 않은 것은 온라인 마켓이나 프리마켓에서 판매하면 그 수익금으로 아이들이 좋아하는 다른 것을 할 수 있다.

자원 재활용센터의 불편한 진실

한번은 봄맞이 대청소를 하며 책과 빈 병, 플라스틱, 옷가지들을 정리해 고물상에 가져간 적이 있다. 이렇게 쓰지 않는 물건을 가져가면 재활용하거나 더 어려운 나라에 저렴하게 팔기도 해서 좋고, 우리는 적지만 아이스크림이라도 사 먹을 수 있는 돈을 받게 된다고 아이와 자원 재활용에 관해 이야기하며 고물상을 방문했다.

고물상 주인은 내가 가져온 물건을 분류하며 푸념하듯 말했다.

"이런 고물은 할머니들 보고 주우라 하세요."

나는 영문도 모른 채 핀잔을 듣고 말았다. 경차에 한가득 싣고 왔지만, 고물값으로 받아든 돈은 5,000원이 채 되지 않았다. 핀잔을 준 주인의 의도는 충분히 이해가 간다. 플라스틱을 중구난방 담아왔기에 다시금 분류해야 하는 것이 귀찮기도 했을 것이고, 폐지 줍는 할머니들도 있는데 그분들에게 양보하지, 차까지 끌고 와서 파느냐는 뜻이 담겨 있으리라.

하지만 고물상 주인의 핀잔에 마음이 상했다.

고물상을 찾아간 이유

나는 그날 특별히 아이에게 자원 재활용을 몸소 가르쳐주고 싶었다. 이것이 진짜 살아 있는 교육 아닌가? 아이는 이제 굴러다니는 플라스틱을 보더라도 리사이클을 할 수 있다는 자원순환원리를 떠올리게 될 것이다. 가정에서 쓰다 버리는 재활용품들이 제대로 분류되어 자원이 잘 활용되었으면 좋겠다. 잘 세척되어 깨끗한 것, 종류에 맞게 분류가 제대로 된 것만 재활용이 가능하기에 재활용을 하기 위해서는 큰 비용이 든다. 하지만 쓰레기로 처리해 환경 오염으로 인한 재난은 더 큰 비용을 초래할 것이다.

더 많은 어린이가 자원 재활용을 몸소 경험해보았으면 좋겠다. 아파트에서는 분리수거를 하면 그 환급금이 관리비로 수용되어 주민들에게 쓰인다. 하지만 이러한 사실을 아는 어린이들은 별로 없을 것이다. 내가 분류를 잘하면 더 많은 자원을 아낄 수 있다는 사실을 많은 어린이가 배웠으면 한다. 학교에서 그저 책상머리 교육으로만 배우는 것이 아니라 몸소 경험해 생활습관이 되면 더 좋을 것 같다.

지구 온도 1도 줄이기 – 스마트한 고물상 어디 없나요?

동네마다 있는 고물상이 살아 있는 자원 재활용 교육의 장이 될 방법은 없을지 고민해본다. 환경 오염을 최소화하기 위한 노력으로 각 지자체에 최첨단의 자원 재활용 시스템을 만들면 어떨까? 이런 시스템은 혐오 시설도 아닐뿐더러 도시 미관도 해치지 않고 좋은 교육의 장이 되리라 생각한다. 연구와 미래를 위한 필수 시설로 각 지역의 재활용을 에너지화해서 다시 쓸 수 있도록 리사이클을 한다면 미래 기후 1도 줄이기가 가능하지 않을까 꿈꿔본다. 초기 비용이 소요되더라도 우리의 건강한 미래 환경을 위해서는 필수조건일 것이다.

우리나라의 공병 보증금 반환제도와는 조금 다른 캐나다의 예를 들어보자. 김종섭 브런치 작가는 '브런치 매거진'에 '공병 가게(Bottle Depot)에 벤츠를 타고 왔다'라는 글을 게시하며 캐나다에 있는 공병 가게를 소개한다. 캐나다에서는 공병과 캔에 보증금제도를 적용해서 마시고 난 빈 병과 빈 캔을 수집하는 가게(한국 마트에서 공병 수거하는 것과는 다르다)가 별도로 있다고 한다. 빈 병과 빈 캔을 가져가면 현금으로 돌려준다는 것이다. 음료나 캔을 살 때 이미 비용을 지출하고 다시금 돌려받는 것이라 누구나 상관없이 이 가게에 가서 보증금을 돌려 받고, 고급 승용차를 끌고 와서 줄을 서는 풍경 역시 자연스럽다고 했다. 마침 이런 자원 재활용 전용 가게가 있었으면 좋겠다고 생각했는데, 우리나라의 고물상과는 사뭇 다르게 느껴졌던 작가의 이야기가 흥미로웠다.

김종섭 작가의 글을 가족들에게 공유했다. 한국에도 자원 재활용 가게가 있으면 좋겠다고 함께 의견을 나누었다. 남편은 한참을 고민하더니 자원을 수거하는 자판기가 거리 어느 곳에나 있으면 좋겠다는 아이디어를 내놓았다. 자원도 수거하고, 용돈도 벌 수 있는 좋은 의견이라며, 아이들도 나도 남편의 생각에 손뼥 쳤지만, 그런 기계를 어떻게 만들지가 논쟁이 되어 기나긴 토론을 한 적이 있다.

자료를 찾다 보니 우리처럼 환경을 생각하는 성남시에서도 같은 고민을 하며 자원 순환 가게를 운영하기 시작했다는 반가운 뉴스가 보였다. 2020년 성남시는 신흥동에 'Re 100'이라는 자원 순환 가게 1호점을 열었다. 이곳에서는 재활용 가능한 쓰레기를 제대로 비우고, 헹구고, 분리해서 가져가면 무게에 따라 현금으로 돌려준다고 한다. 지난 1년 동안 21,625kg의 자원을 모았고, 5,380,000원의 보상금이 시민들에게 지급되었다. 2020년 분리배출 모범시설 공모에서 최우수상을 받아 국비 60억 원도 확보하고 타 지자체에서 벤치마킹 문의도 쇄도 중이라고 한다.

앞으로 성남시에 자원 순환 가게를 더 늘린다고 하니 참 반가운 소식이었다. 8호점에서는 순환자원 회수 로봇이라는 무인 회수 수거기도 설치되어 있었다. 자원을 넣으면 포인트를 적립해주고 2,000원이 넘으면 사용할 수 있다고 했다. 주거 환경 가까이에 이런 자원 순환 가게가 있다는 것은 미래 기후 1도 줄이기를 당장 실천할 수 있는 좋은 조건이다. 자원도 수거하고, 용돈도 모을 수 있는 가게가 하루속히 전국 곳곳에 생기길 바란다. 또한 접근성이 좋은 편의점에 지역주민 누구나 이용할 수 있도록 '자원 회수 자판기'

를 의무 설치하는 것도 환경을 위해 생각해볼 일이다.

자원이 고갈되지 않도록 정부에서 재활용의 가치를 제대로 알려 준다면, 환경 훼손은 줄어들 것이고, 어린이들은 아름다운 환경에서 마음껏 뛰어놀 수 있을 것이다.

정부에서 조금 더 적극적인 자원 순환 가게 운영책을 마련했으면 좋겠다. 금융위기 시절의 금 모으기 운동이나 아나바다 운동처럼 지구 온도 1도 줄이기 운동으로 번졌으면 한다.

중고 보물찾기 - 환경도 살리는 착한 용돈 벌기

집 안 곳곳 대청소를 하다 보면 비슷한 물건이 여기저기에서 나온다. 굳이 두 개, 세 개 두고 쓸 필요가 없는데 선물을 받았거나, 모르고 또 산 경우다. 집 안에 계속 두어도 굳이 쓸 것 같지 않으면, 온라인에 중고 판매로 올려보자. 나에겐 필요 없는 물건이지만, 누군가에게는 절실하게 필요할 수 있다. 중고나라, 당근 마켓, 지역 온라인 카페 등을 찾아보면 판매할 수 있는 곳이 의외로 많다. 판매 상품을 올릴 때는 꼼꼼히 살펴보고, 활용도 리뷰를 정성을 들여 쓴 후 적정 가격을 표시해 판매 글을 게시하면 된다.

아이를 위해 산 책은 아이가 자라면서 필요 없게 된다. 시리즈나 전집의 경우는 '개똥이네' 사이트에서 거래가 활발하다. 단행본의 경우는 중고 책 매수를 하는 사이트를 이용하면 된다. 우리는 주로 예스24, 알라딘 중고를 이용한다. 최근 매입 방식이 편리해져서 바코드 스캔만으로 간단히 검색할 수 있고, 책 상태에 따라 매수 금액이 바로 표시된다. 택배사 요청에 표시하고 제출하면 수거해간다. 수거 후 책의 상태를 확인하고 가격이 확정되면, 택배비를 제하고 통장으로 현금을 입금해준다. 포인트로 받아 해당 서점에서 책을 구매할 때 사용할 수도 있으니 원하는 방법을 선택하면 된다.

집에서는 더 이상 필요하지 않은 중고물품이지만, 용돈을 벌 수 있는 보물이 된다. 아이의 용돈 벌이에 도움이 되어 좋고, 재활용해 새로운 주인을 만나게 되니 환경을 살릴 수 있어 좋다. 이런 때를 '물장구치고 가재 잡고', '꿩 먹고 알 먹고'의 일거양득이라고 설명하며, 사용한 물건도 가치가 있음을 배우는 소중한 교육의 기회로 삼아보자.

03

가족이 함께 보는
경제 유튜브

남편은 가끔 유튜브 동영상을 보다가 아이들에게 유익하거나 경제와 관련해 도움이 될 만한 영상이 있으면 함께 보고자 공유해준다. 과거에는 아이들이 유튜브에서 눈을 떼지 못하고 과하게 본다는 생각이 들 땐 눈살이 찌푸려졌다. 그래서 코로나 시대 이전엔 무조건 못하게 하거나 최대한 적게 보게 했다. 그럴 수밖에 없었던 건 아이들이 주로 시청하는 것이 단순 움짤이거나 유익하지 않은 내용이었기 때문이다.

하지만 코로나 시대 이후 유튜브 환경에도 많은 변화가 생겼다. 오프라인 교육 현장이 난항을 겪으면서 수많은 전문가들이 유튜브 환경으로 옮겨왔기 때문이다. 요즘은 전문 강의나 교육적인 내용을 다룬 유익한 내용의 유튜브 영상도 많다. 그래서인지 남편은 가끔 아이들에게 유익한 영상이 있다면 함께 볼 수 있도록 공유한다.

요즘의 아이들에겐 어른의 열 마디보다 영상 하나가 더 쉽게 다가갈 수 있다. 유튜브 영상은 실시간 업데이트가 빨라서 정보를 빠르게 접할 수 있다는 이점이 있다. 특히나 경제와 관련한 내용에 쉽게 접근할 수 있다.

아이와 유튜브 프로그램을 볼 때는 사전에 재생해보고 내용에 문제가 없는지 점검하는 것이 필수다.

04

—

가족이 함께 보는
경제 뉴스

우리 집에는 텔레비전이 없다. 조금 더 정확히 말하면 유선 연결이 되어 있지 않아 공중파라든가 유선방송으로 송출되는 내용을 볼수가 없다.

그럼 실시간 업데이트되는 뉴스를 어떻게 접할까? 앞서 소개했던 것처럼 신문 기사를 활용하거나 인터넷을 이용해 실시간 뉴스를 시청한다. 뉴스는 주로 저녁을 먹고 휴식하는 시간을 활용해서 본다. 식사 시간에 뉴스를 시청하기도 하는데, 방송되는 뉴스를 들으며 대화를 나누기도 한다. 실시간 방송이 아니어도 이슈가 되는 경제 뉴스가 있다면 함께 보며 어떻게 생각하는지 각자의 의견을 나누기도 한다.

이러한 시간은 아이들을 사회 문제에 노출함으로써 자연스럽게

사회·경제·정치·문화를 배울 수 있게 하는 최고의 학습 시간이 된
다. 뉴스를 통해 배춧값이 왜 올라갔는지, 일본의 방사선 방류의
문제점이나 코로나 시대의 변화, 백신이 경제에 주는 영향 등 많은
시대적 현상을 배울 수 있다.

7장

용돈으로 할 수 있는
마법 같은 일

우리가 상상했던 그이상으로
마법과 같은 일이 일어났다.
성인이 되면 자기의 꿈을 위해 쓰겠다며
모으고 있는 저금통은
또 어떤 마법의 역할을 할지 기대가 된다.

01

친구 생일 선물
사던 날

"엄마, 친구한테 생일 초대 받았어요."

"우아, 생일 초대를 받아 기분이 좋겠구나!"

"네, 기분이 정말 좋아요. 그런데 엄마, 친구 생일 선물은 뭘 살까요?"

"네 용돈에서 살 수 있는 금액을 먼저 생각해보고, 친구가 좋아할 만한 것을 찾아볼까?"

"엄마, 나누기 저금통에 5,000원이 있어요. 다 쓸 수는 없으니까 그럼 3,000원으로 사면 될까요?"

"그래. 3,000원이면 부담되지 않고 괜찮을 것 같아."

아이는 친구 생일 파티에 간다는 마음으로 들떠 있었고, 어떤 선물을 살지 생각하며 행복해했다. 용돈을 주기 시작한 초등학생 저학년 때라 굳이 비싼 선물을 사라고 하지 않았다. 아이가 모은 돈으로 사는 것이 더 의미가 있을 것 같은 생각에서였다. 아이는 친구를 떠올리며 고민하더니 완구점에서 친구가 좋아하는 레고를 샀다. 아이는 친구의 생일을 축하하는 마음을 가득 담아 손으로 꾹꾹 눌러 쓴 카드와 함께 레고를 정성스럽게 포장했다. '내 돈 내 산' 친구 생일 선물을 들고 가는 아이의 발걸음은 하늘을 나는 듯 즐거워 보였다.

02

엄마를 위한
축하 케이크

나는 2020년 4월 16일 브런치 작가가 되었다. '브런치'는 내 글을 통해 독자와 소통하며 좋은 영향을 나누는 공간이 되길 바라며 시작했다. 글이 작품이 되는 공간, '브런치'라는 곳은 처음에는 생소했지만, 독자들이 내 글을 읽음으로써 '조회수'가 올라가고 '좋아요'와 구독자가 생기니 그 재미에 흠뻑 빠져 글을 올리던 초보 작가 시절이다. 브런치에는 서점에 널린 책만큼이나 유익하고 재미있는 에세이가 가득해서 다양한 작가의 글을 만나는 것도 즐거웠다.

그동안 브런치를 탐색하며 글도 올리고, 공모전에도 도전했지만, 선정되는 것은 생각보다 어려웠다. 하지만 '포기'란 내게 어울리지 않는 단어이기에 '실천'이라는 단어로 나를 중무장하고 다시금 글을 다듬고 올리다 보니 새벽녘에야 잠이 들었다.

간밤의 피로에 잠도 덜 깬 시간, 아침을 주섬주섬 먹으며 새벽에 올린 글을 확인하는데 내 눈을 의심했다. 잠시 열었던 1분 사이에 조회수가 100을 넘어가더니 1시간도 안 되어 1,000을 넘고 2,000, 3,000 조회 숫자 알림이 계속 배달되었다. 컴퓨터를 열어 브런치 메인을 확인했더니 간밤에 쓴 글이 게시되어 있었다.

나는 그저 코로나19로 생활 거리 두기가 일상화된 환경 속에서 전원주택의 장점을 이야기하고 싶었고, 똘똘한 한 채가 아파트가 아닌 전원에서의 생활이었으면 하는 마음에 적어놓은 글들이었다. 사실 부동산 정책이 집값을 잡는다고 아우성인데, 집값이 아니라 아파트값이라고 해야 맞는 말이다. 주택이나 빌라들은 실거주가 많아서 오히려 피해를 보고 있는 셈이니 말이다.

어찌 되었건 아파트값이 고공 행진하는 속에서도 코로나 시대를 겪고 있다 보니, 아파트 분양권이 아닌 전원주택을 선택한 것이 돈을 주고도 살 수 없는 값진 선물이라는 생각이 든다. 참고로 서울 아파트 전셋값이면 (강남이 아니더라도) 경기 서남부 외곽에서는 땅도 사고 집도 지을 수 있다. 그 기준은 조금 다르겠지만 말이다.

'2억 원을 포기하고 선택한 행복'이 1만을 넘는 조회수를 갱신하고 있었다. 엄마의 글에 붙은 관심에 온 가족이 놀라며 그간의 수고를 축하하는 하이파이브를 했다. 그러다 딸이 문득, "엄마, 하루 만에 1만 조회 엄청 힘든 거지? 축하 케이크라도 먹어야 하는 거 아닌가?"라고 말하더니 아빠에게 전화를 걸었다. 엄마를 축하해주자 말하며, 자기 용돈에서 케이크값 절반 내겠으니 엄마가 좋아하는 초콜릿케이크를 사달라고 했다.

"엄마를 축하해주자"며 전화하고 있는 딸을 지켜보니 가슴이 참 따뜻했다. 마치 '나누기 저금통에 모인 용돈은 이럴 때 쓰는 거야'라는 으쓱거림이 느껴졌다. 우리는 딸이 낸 자축 아이디어와 케이크를 사 온 남편의 수고, 아들의 케이크 세팅 준비 덕분에 첫 조회수 폭탄 돌파를 축하하는 유익한 시간을 가졌다. 축하 이후 관련 글은 조회수 30만을 넘어섰지만, 처음 1만 조회의 기쁨은 잊지 못할 추억이 되었다.

이렇게 축하받고자 용돈 교육을 한 건 아니지만, 용돈을 유익하게 사용할 줄 아는 아이의 행동에 감동하지 않을 부모가 있을까? 이것은 용돈 교육이 가져온 또 하나의 기쁨이자 자랑이 되었다.

03

부모를 위한
용돈과 편지

    용돈 교육을 지속해서인지 아이들은 가끔 아빠, 엄마에게 편지를 쓸 때 용돈을 넣어준다. 삐뚤삐뚤한 글씨에 종종 맞춤법도 문장도 틀리지만, 손편지는 부모의 마음에 큰 위로가 된다.

    딸아이가 11살이던 해의 어버이날, 아빠에게 쓴 손편지에는 자기를 위해 종일 회사에서 일하며 늦게 퇴근하는 아빠의 마음을 헤아리지 못해 죄송하다는 글과 함께 아빠가 늦게 오는 밤마다 기도하니 걱정하지 마시라고, 세상에서 가장 사랑하니까 힘내시라는 글과 11,000원 지폐가 반 접힌 채 함께 들어 있었다. 아마도 회사에서 돈을 버느라 고생하시는 아빠에게 자신이 가진 돈으로 기쁨을 주고 싶었던 것 같다. 한번은 남편이 늦게 퇴근을 하는데, 현관에서 훌쩍거리며 울고 있는 딸아이를 발견했다고 한다. 남편이 놀라서 무

슨 일이냐고 물었더니, 아빠가 보고 싶어서 기다리며 울고 있었다
는 것이다. 얼마 전, 남편은 그때를 회상하며 세상 행복한 아빠 미
소를 보였다.

몇 년 전, 노트북이 오래되어 더는 사용이 어렵게 되자 나는 새
노트북이 필요하다고 말하며 한숨을 쉬었다. 그러자 큰아이는 노트
북을 사면 되지 왜 그러냐고 물었고, 나는 노트북 가격을 알아보니
엄마가 당장 살 돈이 마련되지 않았다고 했다. 내 말을 들은 큰아이
는 삐뚤빼뚤 손글씨로 "엄마, 노트북 살 때 보태세요"라고 적힌 흰
봉투를 내밀었다. 봉투를 받아 열어보니 3,000원이 들어 있었다.
엄마를 생각하는 아이의 마음에 감동이 폭풍처럼 밀려왔고 그 후
노트북을 샀지만, 아직도 그 돈은 쓰지 못하고 몇 년째 간직하고 있
다. 아이는 용돈을 모아 물건을 사는 과정을 겪으며 이렇게 돈을 모
아 노트북을 사면 되니 엄마도 걱정하지 말라는 뜻이었으리라. 내
겐 3,000원이 환산할 수 없는 행복의 가치로 다가왔다.

04

―

용돈으로 떠나는
제주도 여행

마당에서 놀던 아이가 하늘을 나는 비행기를 보며, "엄마, 나도 비행기가 타고 싶어요"라고 말했다. 같은 반 친구들이 여름 방학 동안 비행기를 타고 동남아를 갔다 왔다는 둥, 제주도를 갔다 왔다는 둥 자랑을 한 모양이다. 부러운 건 당연하다. 그동안 마당 있는 집을 짓는다고 건축에 온 힘을 쏟으며 자료를 모으고 우리가 마련할 수 있는 금액에 맞는 땅을 찾으러 다니고, 집을 짓고 안정되기까지 꼬박 8년이 걸렸으니 말이다. 전원에 집을 짓고 나서는 여행이 필요 없었다. 주말이면 마당에서 텃밭을 가꾸거나 바비큐를 해먹고, 모래놀이를 하거나 목공을 만들고 반려동물을 돌보느라 전혀 심심하지 않았던 터였다. 그래도 부러운 건 부러운 거다. 마당에 있으면 유독 비행기 지나가는 것이 눈에 띈다. 비행기를 보며 아이들은 "비행기 타고 제주도 여행 가면 좋겠어요"라고 했고, '비행기를 타면 어떤 느낌일까?' 궁금하다며 한껏 부러움을 나타냈다.

아이들의 소원도 소원이지만, 전원주택 하자 보수와 마당을 가꾸는 일도 조금씩 안정을 찾았으니 비행기 한번 타 보자며 우리는 겨울 방학 때 떠나는 제주도 여행을 목표로 세웠다. 목표를 세우고 제주도 항공권, 숙박, 식비, 관광지 관람, 렌터카 등 비용이 얼마가 드는지 자세히 적어보았다. 부모가 비용을 모두 부담하지는 않았다. 아이들은 각자 항공권을 마련하고 3박의 숙박 비용은 구분해 나누기로 했다. 식비와 관람 비용은 부모가 지급하고, 기념품은 각자의 용돈으로 사고 싶은 것을 사기로 했다. 2018년 1월 겨울, 비수기 때라 항공권이 비싸지는 않았다. 표를 구매하고 숙박료를 알아보니 1인당 15만 원만 있으면 될 것 같았다.

2017년 여름, 아이들의 쓰기 통장을 확인해보니 둘째가 31,768원, 첫째가 85,203원의 잔액이 있었다. 여행을 당장 가기에는 터무니없이 부족한 금액이었다. '부족한 금액을 부모가 먼저 주고 나중에 용돈에서 제한다고 할까?' 아니면 '부모가 어떤 구실이라도 만들어서 돈을 채워줄까?'를 놓고 많이 고민했다. 나는 당장이라도 아이들을 비행기 태워주고 싶은 욕심에 전·후자 어떤 방법이든 괜찮겠다고 생각했지만, 남편은 단호했다. 아이들에게 벌써 돈을 빌리는 것을 알게 하는 것보다 일정을 조금 늦게 잡더라도 스스로 돈을 모으는 방법을 택하자고 했다. 아빠의 말에 아이들의 실망은 컸지만, 우리는 본격적으로 용돈을 벌 방법을 모색했다. 우리 부부가 주는 용돈은 한 달에 1만 원(시골이라 필요 물건은 부모가 모두 사주었기 때문) 정도다. 비행기를 꼭 타고 싶다는 목표가 생겨서인지 아이들은 그 어느 때보다 열심히 용돈을 벌려고 노력했다. 가끔 우리 부부의 어깨를 고사리손으로 주물러 주기도 했다. 고사리손으로 눌러 주는 그 느낌을 어느 부모가 마다하겠는가? 기특하고 대견한 마음에 뿌듯했다. 그 뿌듯한 마음을 가끔 용돈으로 표현하기도 했다. 매번 주지 않았던 것은 용돈을 주어야만 안마를 한다는 생각이 고착될 수 있기 때문이다. 가족 간의 정, 효심이 돈으로 퇴색될 수 있으므로 특별히 신경을 썼던 부분이기도 하다.

여름이 지나고 추석이 되었다. 할머니, 삼촌, 이모들이 아이들에게 용돈을 챙겨주셔서 조금 빨리 계획한 돈을 모을 수 있게 되었고, 그동안 집에서의 꿀알바를 열심히 실행에 옮기다 보니 목표한 금액에 이를 수 있었다. 방학이 되기 전, 미리 비행기 표를 샀다. 비행기의 느낌이 어떻게 다른지 경험하게 해주고 싶어서 나는 왕복표를 국적기와 지역 항공으로 나누어 샀다.

비행기 표를 사고 난 후, 우리는 제주도와 관련된 책과 자료를 찾아보며 어디를 여행할지 조사했다. 먼저 노트를 한 권씩 준비한 후, 제주도 지도를 복사해 노트 맨 앞에 붙였다. 각자 자기가 가고 싶은 곳, 궁금한 것, 제주도에서 먹고 싶은 음식, 제주도 여행에 필요한 준비물(옷, 수영복, 필기도구, 간단한 세면도구, 비상약, 비상식량)을 적었다. 이 노트는 제주도 여행을 하며 느꼈던 것을 적는 노트로 활용하기로 했다.

드디어 제주도로 출발하기 전, 누구나 그렇지만 아이들은 설레는 마음에 쉽게 잠들지 못했다. 무엇보다도 자신이 모은 돈으로 비행기 표를 샀다는 뿌듯한 마음에 두근거리는 심장을 감당하기 어려웠을 것이다.

태어나 처음으로 타 보는 비행기에서 기대 반 기쁨 반, 두려움 반의 감정들이 어울려 한껏 미소 짓는 아이의 얼굴을 나는 몇 년이 지나도록 잊을 수가 없다. 아이들의 수고와 기다림이 이렇게 큰 기쁨을 낳을 수 있음을 마음껏 칭찬해주고, 그 감격을 뜨겁게 느꼈다.

그렇게 첫 비행은 시작되었고, 제주도에서의 겨울 여행은 아름다운 추억으로 우리 가슴 한편에 새겨졌다.

05

3년 모은 100만 원으로
미국 왕복 항공권 사다

자신들의 꿈이 이루어지는 소소한 일들을 경험한 아이들은 미국에 있는 친구를 만나러 가겠다며 부모를 졸랐다. 미국이라면 1인당 왕복 비행기 표가 100만 원은 할 텐데, 그 응석을 어떻게 받아주겠는가. 반신반의하며 각자 비행기 삯을 모으면 미국으로 여행을 가겠다고 약속했다.

3년 계획을 세웠지만, 남편과 나는 아이들이 금방 포기할 줄 알았다. 말이 100만 원이지, 어디 쉬운 일인가? 용돈은 고스란히 뉴욕 목적 통장으로 들어갔다. 포기의 위기도 있었지만, 결국 3년이 되어갈 무렵, 아이들은 100만 원을 모았다.

제주도를 다녀온 후 우리는 다시금 비행기를 타게 되었다. 이번 비행기는 꼬박 11시간 이상이 걸려 비행기에서 잠까지 자는 여정이다. 아이들은 긴 시간 무료하지 않도록 영화도 내려받고, 책도 챙기며 본격적인 여행 준비를 시작했다. 제주도 여행 때와 같이 미국여행 노트를 만들고 지도를 복사해 어디를 갈지 조사했다. 처음 시작은 친구가 사는 뉴욕을 가자 했는데, 한번 비행기 타고 가는 김에 꼭 가보고 싶다며 유니버설 스튜디오, UCLA, 그랜드 캐니언이 추가되어 16박 19일의 일정으로 계획하게 되었다.

2019년 5월 24일, 나와 아이들은 델타항공 DL9044를 타고 한국에서 로스앤젤레스로 공간 이동을 했다. 맛있는 기내식도 먹고, 영화도 보고, 쿨쿨 잠도 잘 잤다. 일상에서 벗어나 오랜만에 주어진 자유를 만끽하며 하늘을 날았다. 기내는 만석이었고, 조용했다. 꿀잠을 방해하는 어떤 것도 없었다. 기내식이 나올 때마다 맛을 평가했다. 빵 맛은 고소했고 곤드레 비빔밥은 마지막 남은 밥알까지 싹싹 먹을 정도로 맛있었다. 11시간의 기나긴 비행에도 전혀 지루함없이 LA 공항에 도착했고, 우리를 맞이하던 커다란 성조기가 미국임을 실감나게 했다.

미국 마트에서 한국 상품 찾기

우리가 며칠 머물게 될 게스트하우스에 도착했다. 짐을 풀고 나니 4시가 넘었다. 지금 시간에 어디를 간다는 것은 어려울 것 같아한인 마트에 가보기로 했다. 우리는 산책하는 기분으로 천천히 코리아타운 플라자(Korea Town Plaza)로 걸어갔다. 한인타운이다 보니 간판이 온통 한국식 이름이다. 참 친근한 글자인데 왠지 모를 낯섦도 느껴진다.

아이들은 한국과 똑같은지 궁금해서 핸드폰에서 이미지를 하나씩 찾아가며 비교했다. 큰아이는 미국에서 파는 라면 맛은 어떤지 검증하고 싶다면서 자신이 제일 좋아하는 참깨 라면부터 찾았다. 라면 몇 개 구매하고 캔 모양이 예쁘다며 콜라도 샀다. 여행 첫날, 기념으로 컵라면을 먹었는데 맛은 한국과 똑같았다. 친구들이 미국에서의 한국 라면은 맛이 다르다고 했던 말을 증명하고 싶었나 보다.

미국 여행 온 첫날부터 아이는 교과서에서 배울 수 없는 살아 있는 공부를 시작했다. 마트 상품에 붙어 있는 달러 가격표를 일일이 읽어보며 궁금한 것을 질문했고, 한국에서 파는 치킨, 족발, 잡채, 떡 등을 미국 마트에서도 판다는 것을 신기해했다. 우리가 찾아간 곳은 한국 사람이 주로 이용하는 곳이긴 해도 이렇게 한국과 똑같다는 사실은 아이에게 수입 유통과정이나 한국 사람들이 세계 곳곳에 뿌리를 내리고 있다는 것, 세계는 하나로 연결되어 있다는 것을 알게 했다.

3년을 계획하고 실천한 용돈 모으기가 이렇게 현실로 가능하다는 것을 경험한 아이들은 다음 날의 일정을 기다리며 벅차오르는 가슴을 숨길 수 없었다.

운명처럼 만난 J. 폴 게티

여행할 곳은 많고 시간은 부족할 때, 이용할 수 있는 것이 투어 패키지다. 개인 관광을 하며 틈틈이 투어를 알아보았다. 하루에 명소 몇 군데를 둘러볼 수 있는 상품이 있었는데, 다른 사람들의 일정과 맞추는 것도 시간 낭비라는 생각에 단독 투어로 결정했다. LA 1일 단독 맞춤 투어는 비용이 다소 비싸기에 부담은 되지만, 우리가 원하는 곳만 콕 집어서 여행할 수 있다는 장점이 있다. 우리는 운이 좋게도 아주 친절하신 베테랑 가이드를 만나 예정된 시간보다 더 많은 시간을 할애해 최고의 서비스로 안내를 받았다. 코스는 베니스 운하-베니스 비치-산타모니카 루트66-게티 센터-UCLA-헐리우드 사인-헐리우드 거리-그리피스 천문대 일정이었다.

사실 게티 센터는 구두쇠 석유 부자 폴 게티(Jean Paul Getty)가 세운 미술관이라는 말만 들었기에 큰 기대는 하지 않았는데, 개인 미술관이라고 하기엔 웅장하고 많은 예술품이 있어 투어 일정으로 관람하기에는 시간이 턱없이 부족했다. 아쉽지만 짧은 시간으로 전부 돌아볼 수 없어 근대 미술 일부만 돌아보았다. 게티를 존경한다는 가이드는 폴 장이라는 예명을 사용할 정도로 게티의 기부 정신을 높이 평가했다. 짧은 시간 게티 미술관에서 느낀 기운은 내 머릿속에서 떠나지 않았고, 한국에 돌아와 게티의 책 《큰 돈은 이렇게 벌어라》를 찾아 읽어보게 되었다.

게티는 1957년 10월 미국 부자 명단 1위에 오를 만큼 사업 수완이 있었다. 그 시작은 그의 어릴 적 용돈 교육에서 찾아볼 수 있다. 폴 게티의 아버지 조지 게티는 성공한 변호사이자 사업가였다. 그런데도 폴에게 용돈을 넉넉히 주지 않았고, 응석을 받아주거나 돈을 선물로 주는 것을 해서는 안 된다고 생각하는 사람이었다. 아버지가 완고하고 까다로웠기에 폴은 어렸을 때부터 용돈을 아끼고 신문 판매를 하며 저축을 했고, 만 10세에는 아버지 조지가 세운 석유회사의 주식 100주를 5달러에 매입하기도 했다. 사실 아버지가 백만장자면 아들에게 주식을 나눠줄 만도 할 텐데, 조지 게티는 돈에서만큼은 엄격했고 아들에게 유산을 남겨주지도 않았다. 아마도 이런 아버지의 완고함으로 인해 폴 게티는 용돈을 모으게 되고, 사업을 성공으로 이끌게 되지 않았을까 생각한다. 아버지 조지는 돈 자체가 아닌, 물고기 잡는 방법을 유산으로 남겨준 것이리라.

폴 게티는 그의 아버지와 같이 구두쇠 인생을 살았지만, 말년에는 무슨 이유에서인지 게티 재단을 만들어 거의 전 재산을 기부했다. 물론 유산에 대한 세금을 아끼기 위한 것이라는 이야기도 있다. 1957년 30억 달러로 세계 1위를 차지했는데, 이 재단은 2019년을 기준으로 총자산이 134억 1,800만 달러로, 'LA 카운티 50대 재단' 중 여전히 자산 1위를 기록하고 있다.

용돈 꿀팁 : 여행 일기

여행을 갈 때마다 에피소드 일기를 쓴다.
짧지만 어떤 느낌으로 어느 곳을 다녀왔는지 그림과 함께
간략히 적은 여행 일기는 그때를 추억할 수 있는 소중한 보물이다.

Los Angeles Go Go!!

출발~

영화도 보고 실시간 비행경로를 확인 할 수 있어서 좋았다. 인천에서 LA 까지는 총 11시간이 걸렸다.

첫 번째 미국여행

우리는 2시130분 비행기를 타려고 하였는데 안전점검으로 시간이 연착되어 5시에 비행기를 타게 되었다.

드디어 5시! 우리는 일반석에 탑승하고 출발하기를 기다린다. 비행기가 출발하기 시작한다. 덜컹덜컹! 비행기의 중심이 뒤로 쏠려서 일어날 수가 없다.

안전벨트 표시등이 꺼졌다. 안전벨트 표시등이 꺼지자 사람들은 그제서야 자유롭게 행동한다.

2019.5.23
- 율 -

캐나다에서 누린 만찬

"엄마, 이리 와서 벽에 기대어보세요."

나이아가라 폭포를 바라보며 황홀경에 빠진 나에게 큰아이가 오라고 손짓을 한다. 갑자기 왜 벽에 기대어보라는 건지 갸웃하며 아이에게 갔다. 나는 아이와 똑같이 벽에 기대어 섰다.

"어, 벽이 움직이네?"

"엄마, 느껴져요? 벽이 움직여요."

"어떻게 움직이는 걸까?"

"엄마, 바닥을 보세요."

레스토랑 벽에 기대어보니 내가 딛고 있던 바닥이 천천히 움직이고 있었다. 알고 보니 나이아가라 폭포를 배경으로 레스토랑이 있는 타워가 360도 한 바퀴 도는 데 1시간 정도 걸린다고 했다. 레스토랑의 움직임에 따라 나이아가라 폭포를 만끽하며 맛있는 점심을 먹었다. 미국 여행만으로도 바쁜 일정이지만, 굳이 캐나다까지 올 필요가 있었을까 싶었는데, 아이들은 여행 일정의 마지막 투어를 무척 마음에 들어 했다. 둘째는 18일간의 여행 중 나이아가라 폭포와 회전 레스토랑에서의 식사가 가장 좋았다고 말한다.

여행 중 느끼는 건 아이마다 참 달랐다. 과학에 관심이 있는 큰아이는 360도 회전 레스토랑의 원리를 끝없이 생각하며 벽에 기대어 나이아가라 폭포를 감상했고, 둘째는 폭포를 바라보며 스케치북을 펼쳤다. 말로만 풀어내는 견학이 아닌, 오감을 만끽하며 배우는 체험에 '이게 진짜 공부지. 용돈 교육하길 참 잘했구나!' 나 자신을 토닥여주었다. 하늘에서 물 커튼이 드리운 듯 쏟아지듯 폭포의 그 웅장함을 또 언제 볼 수 있을까? 아쉬움에 눈에 담고, 마음에 새기고, 가슴 한편에 꾹꾹 눌러 담은 후 캐나다를 떠나왔다.

세상은 넓고 할 일은 많다

미국을 여행하며 가장 부러웠던 것은 역시 넓은 땅과 풍부한 자원이었다. 끝도 없이 펼쳐진 풍경과 맑은 하늘을 보며 "부럽다"는 말을 참 많이 했다. 유명 관광지에서는 한국말로 서로 안부를 물어도 될 만큼 한국인이 많았고 뉴욕 주변만 해도 곳곳에 한식당이 있었지만, 반면 서부에는 한식당을 찾아가려면 차로 이동하지 않고는 찾을 수가 없었다. 긴 여행에 한국 음식을 먹고 싶으나 찾기가 어려워 그나마 익숙한 중식, 일식당을 이용해야 했다. 이곳에서 한식 퓨전 음식을 팔면 굶어 죽지는 않겠다는 생각이 많이 들었다.

전 세계에서 한류 문화가 큰 인정을 받고 있다. 영화, 패션, K팝, 미술, 음식, 화장품, 애니메이션 등 다양한 분야에서 한류 열풍이 이어지고 있다. 2021년 영화 아카데미 시상에 오른 〈미나리〉만 해도 트렌드를 잘 따라간다면 미나리 음식을 판매하는 것도 좋을 것 같다는 생각이 들었다. 세계 동향을 잘 파악해 젊은이들이 더 많이 세계로 뻗어나갔으면 좋겠다.

06

중학생 아들은 트럼펫을
어떻게 장만했을까?

"엄마, 트럼펫이 갖고 싶어요."

아이들이 미국행 비행기 표를 구매하기까지는 꼬박 3년이라는 시간이 걸렸다. 3년은 기나긴 시간이었지만, 목표가 있었기에 먹고 싶은 것, 사고 싶은 것을 견디며 돈을 모을 수 있었다.

'이제 용돈을 모으면 뭘 할까?'

여행을 다녀오고 나니, 목적을 이루었다는 자신감은 충만했지만, 용돈 모으는 일이 게을러지기 시작했다. 새로운 목표가 필요했다. '무엇을 하면 아이가 신나게 용돈을 모을 수 있을까?' 고민이 되었다. 미국 여행 이후 목표가 사라지니 용돈을 받는 의미도 자연스럽게 사라져가고 있을 즈음, 아이들에게 물었다.

"다음엔 어디로 여행 갈까?"

나는 아이들에게 여행에서의 감격이 새로운 여행지로 이어질 줄 알았는데 의외로 이제 여행은 좀 나중에 가겠다고 했다. 그러면서 큰아이는 학교에서 사용하는 트럼펫이 다인용이라 개인용으로 연습하고 싶다고 했다. 어떨 때는 선생님께 허락을 맡고 대여해오기도 했는데, 결국 아들은 몇 번을 고민하더니 드디어 결심을 말했다.

"엄마, 트럼펫 사고 싶어요"

"좋아, 그럼 트럼펫이 얼마나 하는지 알아보고, 네가 검색한 트럼펫이 괜찮은지 트럼펫 선생님께 여쭤봐."

아이는 검색을 통해 30만 원가량의 트럼펫을 찾았고, 부담은 되지만 꼭 사고 싶다고 했다. 찾아본 트럼펫에 대해 방과 후 시간에 트럼펫 선생님께 물어보니 선생님은 따로 아이에게 맞는 기종을 알아봐주셨다. 검색해보니 80만 원을 호가했다. 그래도 이 정도 가격은 되어야 소리도 좋고, 연습해볼 만하다고 했다.

아이는 금방이라도 살 수 있을 것처럼 들떠 있었는데 금액이 높아 실망하는 모습이 역력했다.

"아들아, 너무 무리가 되면 그냥 저렴한 거 사는 게 어때? 엄마가 보니 그 돈을 모으려면 시간도 오래 걸릴 것 같은데…."

아이는 잠시 생각하더니 그래도 모아보겠다고 했다. 물론 중간에, '저렴한 걸 살 걸 그랬나? 아니야. 빨리 갖고 싶지만, 조금 더 모아볼래' 하며 고민을 거듭했지만, 끝까지 이어갔다.

만 원, 2만 원 용돈이 생길 때마다 넣어둔 트럼펫 목적 통장에 1년 6개월이 되니 67만 원이 모였고, 쓰기 통장에 8만 원이 있었다.

두 개를 합하면 그래도 트럼펫을 살 수 있지 않을까 하는 마음에 검색창을 두드리던 아이가 놀라서 소리쳤다.

"엄마, 엄마! 이것 좀 봐주세요. 내가 찾던 트럼펫이 67만 원이에요."

"그래? 어디 보자. 혹시 중고는 아닐까?"

아이와 나는 흥분해서 트럼펫 상품설명서를 꼼꼼히 읽고 또 읽어보았다. 코로나19로 인해 입술을 이용하는 트럼펫은 침방울이 튀어 자연스럽게 수요가 줄어드니 재고를 처분하기 위해 가격을 10만 원 이상 낮춰 내놓은 것을 아이가 발견한 것이다. 고민할 것도 없이

판매자, 정품, 사이트 거래 내용 등을 확인한 후 구입하기로 했다. 막상 구매하기를 누르니 카드 추가 할인도 있었다. 그렇게 아이는 상품을 따져보고 비교하며 오랜 기다림 끝에 트럼펫을 손에 넣을 수 있었다.

트럼펫이 배송되던 날, 아이는 감격에 겨워 조심스럽게 상자를 개봉했다. 상자와 가방 속에 고이 모셔져 있던 트럼펫이 드디어 아이의 손에 들렸다. 번쩍거리며 금빛 휘황찬란한 트럼펫이 그 자태를 뽐내며 아이를 맞이했다.

07

한 번의 좋은 경험은
습관이 된다

용돈을 모아 여행을 다녀오고, 사고 싶은 물건을 사고, 미래를 위해 저축을 하던 아이들은 새로운 꿈을 꾸며 다시금 용돈을 모으고 있다.

사실 경제 교육을 하고, 세 개의 저금통을 시작했을 때는 만 원 모으기도 쉽지 않았다. 만족감을 경험하게 하고 싶어서 작은 저금통을 사용했음에도 불구하고 푼돈으로 가득 채우는 건 수많은 동기부여가 아니었다면 힘들었을 일이다. 칭찬과 격려, 맛있는 음식, 가끔 격려로 주는 용돈 보너스가 없었다면 불가능했을 것이다. 만 원이 5만 원이 되고, 10만 원이 되고, 100만 원을 채울 힘이 생겼다. 모인 돈으로 하고 싶은 일을 할 수 있었고, 그 과정은 말로도 글로도 표현할 수 없을 만큼 행복했다.

지난 7년, 용돈 교육 과정을 글로 정리하는 나를 보며, 큰아이가 말했다.

"엄마, 내가 지금까지 돈을 쓰지 않고 모았다면 얼마가 모였을까요? 내가 사고 싶은 물건을 사는 것도 좋았지만, 지금까지 쓰지 않고 모았어도 좋았을 것 같아요. 정말 용돈 모으기는 신기해요."

청소년이 된 아이는 요즘 용돈으로 무엇을 할까?

목공 공예를 좋아하는 아이는 목공 도구들을 용돈으로 구매해서 만들고 싶은 작품을 만들며 작품 개발에 심혈을 기울이고 있다. 공예품은 학교 선생님으로부터 수행평가를 통해 최고의 칭찬을 받았다며 그 어느 때보다 정성을 다해 작품을 만든다. 얼마 전엔 친구의 생일에 선물했는데, 좋아하는 친구를 보며 큰 보람을 느꼈다고 했다.

아이들의 용돈 관리의 시작은 사고 싶은 물건 사기, 친구에게 선물하기, 부모님 선물하기, 비행기 표 구매해 여행하기, 여행을 하며 맛있는 것 사 먹기 등 많은 일로 이어졌다. 우리가 상상했던 그 이상으로 마법과 같은 일이 일어났다. 성인이 되면 자기의 꿈을 위해 쓰겠다며 모으고 있는 저금통은 또 어떤 마법의 역할을 할지 기대가 된다.

8장

자녀의 경제 교육 유산 솔루션

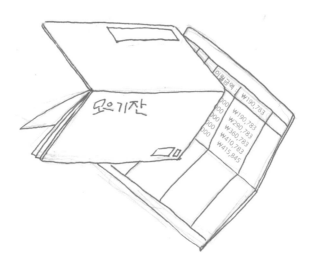

꿈꾸는 이는 많다.
하지만 실천하는 이는 적다.
작은 꿈이 모여 커다란 꿈을 이룬다.
실천은 꿈을 이루고 싶다면 과거나
현재나 미래나 상관없이
반드시 지켜야 할 진리다.

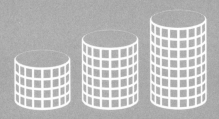

01

꿈이 현실이 되는
세 가지 방법

"성취감은 습관이 주는 상이다.
따라서 생각만 해서는 성취감이 생길 리 만무하다.
어떤 일에 성공하면 또 다른 일에 대한
자신감이 생기는 것이다."

- 《아주 작은 목표의 힘》, 고다마 미쓰오

꿈이 현실이 되는 과정을 반복하며 용돈 관리에 대한 실천 과정이 쌓이고 보니 경제 교육 강사로 강의 섭외가 들어와 도서관, 학교, 지역아동센터 등 곳곳에서 경제 강의를 할 기회가 많아졌다. 강의를 준비하며 나 자신을 돌아보니 꿈이 현실이 되는 과정에는 반드시 세 가지의 노력이 필요함을 깨달았다.

우리는 살면서 소망을 품는다. 좋은 집을 갖고 싶다는 소망처럼 인생에서 한 번씩 겪는 큰 꿈에서부터, 수고한 나에게 다이어리 선물을 주고 싶다는 작은 소망 등 이것을 이루기 위해서는 반드시 따라야 하는 것이 돈이다. 작은 소망이라도 누군가 내게 선물하지 않는 이상, 하늘에서 뚝 떨어지지 않는다. 다른 사람이 내게 선물하기만을 바라며 마냥 기다리기만 하는 것은 어리석은 일이다.

그렇다면, 꿈이 현실이 되기 위한 세 가지 방법은 무엇일까?

첫 번째는 소망 품기다.

꿈과 소망은 삶에 활력을 가져다준다. 꿈을 이루기 위해 지출을 줄이기도 하고, 힘들어도 참을 수 있는 능력이 생긴다.

두 번째는 꿈 노트에 쓰자.

꿈 노트에 꿈을 쓰고 할 수 있는 것을 하나씩 목록으로 적어보자. 아주 작은 실천부터 큰 실천까지 적은 후, 하나씩 이루어지면 색깔펜으로 동그라미를 그리거나, 형광펜으로 하나씩 지워보자. 어느 순간, 내가 적었던 목록이 이루어졌음이 한눈에 보이는 날이 온다.

세 번째는 꿈을 이루어 줄 꿈 통장을 만들자.

앞서 2장 '용돈 교육은 처음이지?'에서 세 개의 저금통과 세 개의 통장을 사용했다고 소개했다. 2장을 읽으며 저금통과 통장을 만들어야겠다고 생각한 독자가 많았으리라 생각한다. 이것을 실천해보았는지 궁금하다. 혹시, 아직 만들지 않았다면, 다시 한번 강조하며 그 용도를 설명해보자.

• 모으기 통장 : 성인이 될 때까지 찾지 않는 적립 통장이다. 이

통장은 성인이 되었을 때 자립 자금으로 쓰거나, 배낭여행 또는 결혼 자금 등에 보태어 사용하는 용도다. 펀드, 주식 통장도 포함된다.

- 쓰기 통장 : 사고 싶은 물건을 살 수 있는 쓰기 통장은 당장 사고 싶은 작은 물건에서부터 언젠가는 꼭 가지고 싶은 큰 물건까지, 돈을 모았다가 쓸 수 있는 목적 통장의 용도다.
- 나누기 통장 : 나누기는 저금통에 모았다가 자선 후원, 헌금, 친구나 부모의 생일 선물을 살 때 사용한다.

너무 뻔한 방법이라고 생각할 수도 있지만, 이런 실천 과정을 통해 사고 싶은 물건을 사고 여행하고 싶은 곳을 다녀왔다. 지금 아이들은 또 다른 꿈을 꾸며 꿈 통장을 채우고 있다. '티끌 모아 태산'이라는 말은 진리다. 운 좋게 주식이 오르거나, 아파트값이 오르기를 바랄 수도 있지만, 그전에 티끌을 모아 기회를 찾는 것이 중요하다.

실과 바늘이 따로 움직여서는 옷을 꿰맬 수 없듯, 꿈이 있다면 목표를 이루기 위한 실천도 함께 따라야 한다. 아무리 좋은 꿈도 실천이 없다면 뜬구름 잡는 이야기다. 꿈꾸는 이는 많다. 하지만 실천하는 이는 적다. 작은 꿈이 모여 커다란 꿈을 이룬다. 실천은 꿈을 이루고 싶다면 과거나 현재나 미래나 상관없이 반드시 지켜야 할 진리다.

02

경제적 자립을 위한
목표 설정하기

《어린이와 청소년을 위한 머니 IQ》의 샌디 도노반(Sandy Donovan)은 책에서 예산을 짤 때 30-30-30-10 계획을 소개하고 있다. 가장 널리 쓰이는 예산 계획으로 번 돈의 30%를 소비 지출에, 30%를 단기 목표를 위한 저축에, 또 30%를 중·장기 목표를 위한 저축에, 10%는 자선단체 기부에 나누어 예산을 세우면, 단기 목표와 중·장기 목표에 돈이 얼마나 들어가는지 알아보기 쉽다고 했다.

나는 용돈 관리의 지속성을 위해 간단하면서도 내 아이가 실천 가능한 것에 초점을 맞추었다. 우리는 모으기, 쓰기, 나누기 저금통을 50-30-20으로 진행했다. 그 비율은 용돈을 받는 것과 필요에 따라 조금씩 차이는 있다. 이것을 다시 모으기, 쓰기와 나누기로 구분해보면 계산도 50-50으로 간편하고 수월했다. 몇 번의 분류를 경험하고 나니 용돈이 많거나 적거나 엄마에게 일일이 확인하지 않고도 스스로 나누어 담을 수 있게 되었다.

모으기 저금통

용돈 교육을 시작했다면 아이가 성장할 때까지 장기 목표를 위한 마라톤은 시작된 것이다. 미래를 위한 종잣돈 모으기로 목표를 정하고, 사용처는 아래의 예와 같이 어느 것에 사용해도 무방하다. 긴 시간이 필요하므로 금리가 낮은 은행보다는 펀드나 주식으로 관리하는 것이 좋다.

예) 대학 학자금 모으기

예) 어학 연수 비용 모으기

예) 청년 창업 비용 종잣돈 모으기

예) 독립을 위한 종잣돈 모으기

장기 목표를 향해 쉬지 않고 달려가기만 한다면 도중에 포기하게 될 것이다. 마라톤 중간중간 중기 목표를 두고 모으는 재미와 습관화를 위해 아이가 하고 싶은 목표를 정하고 하나씩 이루어나가야 즐거운 여정이 된다. 내 아이의 버킷리스트로 만들어도 좋다. 이룬 것에는 동그라미, 엑스, 밑줄, 형광펜 등으로 표시해 한눈에 알아볼 수 있도록 한다.

내 아이 버킷리스트

예) 국내 여행 비용 모으기

예) 해외여행 비행기 푯값 모으기

예) 노트북(또는 핸드폰) 구매 비용 모으기

예) 게임기 구매 비용 모으기

예) 목표 금액 모아보기 : 10만 원 모으기, 20만 원 모으기….

조금 더 목표를 높여보자. 꿈꾸는 삶이 시작되는 멋진 모험의 길에 들어섰음을 축하하며 용돈 모으기 동기부여를 위해 많은 대화를 나누자.

쓰기 저금통

한 가지 목적을 정하고 목적 통장을 만들어 체계적인 모으기 습관을 시도해본다.

예) 놀이동산 표 구매

예) 버킷리스트를 위한 나만의 멋진 노트 구매

예) 읽고 싶은 책 구매

예) 취미 활동을 위한 여가비

예) 맛있는 간식 비용

예) 여행비 마련

나누기 저금통

내 삶을 가치 있게 만들어주고 가정, 이웃, 사회에 공헌할 수 있는 큰 그릇을 만드는 과정으로, 나눔을 실천하는 저금통이다.

예) 생일 선물을 사기 위한 돈

예) 자선단체 후원

예) 종교헌금

예) 이웃 돕기

목표를 이루기 위한 핵심 : 동기부여

"용돈 교육에도 온 마을이 필요하다."

첫째 아이는 여름 방학 내내 구리를 이용해 반지를 만들었다. 우연히 구리로 된 파이프를 가지고 톱으로 잘라보았는데 생각보다 재미있었다고 했다. 우연한 행동은 구리를 두드려 반지를 만드는 것으로 이어졌고, 반지 이름은 '반지의 제왕'으로 정했다. 나는 그 반지를 보며 신기한 마음에 "엄마도 하나 만들어달라"고 했다. 엄마의 주문에 신이 난 아이는 몇 개의 구리반지를 더 만들게 되었고, 기특한 마음에 페이스북에 올린 구리반지를 보고 지인 몇 분이 주문을 했다. 아이는 갑자기 들어온 구리반지 주문에 조금 더 의미를 더하고자 보석을 사서 달았고, 반지를 보석상자에 담아서 주었다. 아이가 만든 구리반지를 귀한 보석을 받은 것처럼 신기해하며 기뻐 해주셨다. 어떤 분은 아이의 통장 계좌번호를 물어보시고는 주문 금액보다 더 보내주시기도 했다. 큰아이는 생각지 않게 자신이 좋 아하는 일을 하며 용돈을 버는 기쁨을 얻었고, 새로운 작품을 만들 기 위한 재료비를 충당할 수 있었다. 구리반지에 쏟아진 칭찬은 아 이의 자신감을 키우고 작품에 몰입시켜주는 기폭제 역할을 했다.

나는 용돈 교육을 하며 '한 아이를 키우기 위해 온 마을이 필요하 다'라는 말을 실감하고 있다. 청소년들이 경제 흐름을 배우거나, 돈 을 벌기 위해 경제 시장을 열어 체험할 수 있는 장을 열어주는 것 또한 어른이고, 청소년들이 어설프나마 자기 생각을 펼친 것을 칭 찬함으로써 꾸준히 도전할 힘을 주는 것도 어른의 몫이다. 어른들 의 역할이 없다면 자라나는 청소년들은 자기의 생각을 펼칠 곳도, 경제 시장을 체득할 곳도 없이 그 싹이 잘리고 만다. 청소년들이 마 음껏 경제 활동을 경험할 수 있도록 어른들의 격려와 물질적 투자 는 필요조건인 것이다.

아이들이 미국 여행을 계획하며 용돈을 모을 때 일이다. 50만 원 쯤 모으기까지 2년이 걸렸다. 용돈을 하나로 모두 모으는 것이 아 니라 세 개의 저금통에 나누어 모으다 보니 생각만큼 그렇게 빨리 채워지지 않았다. 슬슬 자신감도 떨어져 '우리가 무슨 해외 여행을 가느냐'며 목적의식이 나락으로 떨어지다 못해 그냥 포기하는 쪽으로 기울 때였다. 아이들이 비행기 푯값을 모으고 있는 것을 아는 지인이 갑자기 내게 편지 봉투를 건네셨다. 아이들에게 주라며 건네주신 봉투에는 응원의 글과 함께 한 번도 사용한 적 없는 신권 달러가 들어 있었다.

"너희들이 미국 가고 싶은 마음이 생겼다고 들었어. 이건 미국 돈인데, 언제고 미국 여행이 허락될 때 가서 아이스크림 사 먹어. 사랑하고 축복한다."
                                    -혁이와 율이의 꿈을 응원하며-

미국 유학 생활을 기념하고자 가지고 있던 달러인데, 청소하다가 우연히 발견했다며 우리 아이들이 생각났다는 말과 함께 미국에서 아이스크림 사 먹으라고 건네주신 지인의 손편지에 왈칵 눈물이 쏟아졌다. 마침 포기하고 싶었던 마음을 격려해주고 용기내어 더 열심히 준비하라는 응원의 메시지였다. 유학 생활 중 온 가족이 배고픔으로 견뎌낸 그 시절을 추억으로 곱씹으며 간직했던 달러인데, 아이들을 위해 쾌척해주신 그 마음에 우주를 선물 받은 느낌이었다. 어쩌면 우리의 좌절된 마음을 알고 힘내라고 하늘에서 보내준 천사 같았다. 응원의 편지와 달러를 받고 보니 갈지 말지 고민하며 용돈 모으기를 게을리했던 행동에 번쩍 정신이 들었고, '그래. 해보자. 반드시 가보는 거야' 하며 용기가 솟아났다.

어디 이것뿐이랴. 미국행 표를 예매하고 짐을 하나, 둘 챙길 무렵 우리의 여행을 위해 기도해주고 응원해주던 지인들이 "목표한 비용은 다 모았느냐?", "짐은 잘 챙기고 있느냐?"며 한마디씩 물어주셨다. 아이들이 기특하다며 칭찬과 함께 머리를 쓰다듬어주신 많은 분들, 여행에서 쓰라고 직접 은행에서 달러로 교환해주신 분, 예쁜 리본을 달아 손편지와 함께 격려의 용돈을 주신 분, 피자 사먹으라며 용돈을 주신 분 등. 지인들의 기도와 용돈 후원은 아이들 마음에 감동 이상의 동기부여가 되었다.

비록 아이들이 계획하고 실천한 작은 행동이지만, 어른들의 격려와 칭찬, 선행이 목표한 바를 이룰 수 있는 큰 힘이 되었다. 아이들은 이러한 어른들의 행동을 기억할 것이며, 선행을 배워 선을 베푸는 어른으로 자랄 것이다. 결국, 아이를 자라게 하는 것은 어른의 몫이다. 나 또한, 여행을 다녀온 후 남은 달러를 네 명의 아이에게 손편지와 함께 꿈을 갖기를 바라는 마음으로 나누어주었다. 꿈을 가진 아이들에게 아름다운 용돈 릴레이는 계속 이어졌으면 하는 것이 내 바람이다. 내 아이들이 어른들의 동기부여로 인해 좌절하지 않고 끝까지 목표를 이루어낸 것처럼, 누군가 역시 꿈을 꾸고, 목표를 향해 나아갈 때 그 꿈을 이룰 수 있도록 돕는 동기부여 릴레이 말이다.

03

부모가 준비하는
자녀 미래를 위한 종잣돈

저축

내 자녀를 위한 저축은 낮은 금리로 인해 최소 필요한 금액만 저축한다.

보험

아이 보험은 태아 때부터 시작했다. 남자아이의 경우, 움직임의 위험요소가 있다 보니 생명보험과 실비보험에 가입했다. 생명보험은 납부 기간이 짧으므로 부담이 적다. 실비보험은 매달 지출 비용을 줄이려면 소멸형이나 50%만 적립하는 조건을 선택했다. 보장은 불필요한 요소가 숨어 있으니 자신에게 맞는지 꼼꼼히 따져보자.

주식 & 펀드 : 복리의 마법

복리의 마법을 알게 된 건 TV 프로그램을 통해서다. 어려운 경제를 쉽고 재미있게 풀어보는 MBC TV 〈일요일 일요일 밤에〉의 고정 코너인 '경제야 놀자'의 2006년 10월 8일 방송된 이봉원&박미선 편에서 '복리'에 대해 소개했다.

복리에 대한 방송을 보고 신선한 충격을 받았다. 지금까지 은행 적금을 통해 붙는 이자가 전부인 줄 알았던 내게 복리의 마법은 생소한 용어이기도 했지만, 이자에 이자가 붙는다는 원리가 귀에 솔깃했다. 평생 은행거래만 할 줄 알았던 내가 새로운 투자 방식에 눈 뜨게 된 것이다.

복리의 마법에 대해 천재 물리학자 알버트 아인슈타인(Albert Einstein)은 '세계 8대 불가사의이며 가장 위대한 수학의 발전'이라고 했다. 워런 버핏은 11살 이후 70년 동안 복리의 마법을 가지고 투자 이익을 얻었다. 금융 시장에서 복리 상품을 소개할 때, 7년 이하에서는 수익이 나지 않는다고 한다. 7년 이후부터 10년, 20년, 30년, 장기적으로 보유했을 때, 이자가 원금에 붙어 더 많은 이자를 낳고 눈덩이처럼 커진다고 했다.

TV를 보고 난 후, 복리에 관한 생각이 머리에서 떠나지 않았다. 하지만 당장 복리 상품에 가입하고 싶어도 여윳돈이 없었다. 나는 기회를 호시탐탐 노리다 생활비를 아껴 2007년 5월 18일, 드디어 아이 이름으로 변액연금 상품에 가입했다. 주식형 펀드에 투자하는 방식으로 복리로 이자를 불려준다. 단 10년 이상 가입해야만 이자소득에 대한 세금 15.4%를 면제받을 수 있다. 비과세인지도 살펴봐야 한다. 사실 복리에 대해 아직 낯설기에 혹시 잘못되더라도 목돈을 마련한다는 의미로 시작했다.

2008년 4월, 둘째가 태어나고 아이의 이름으로 복리를 가입해야 하는데, 남편 혼자 번 것으로는 당장 기저귓값에 아이들 이유식 먹일 비용조차도 부족했다. 남편은 당시 기저귓값을 번다며 주말에는 공사장에 나가기도 하고, 야간에 대리 기사를 하기도 했다. 눈물겨운 투잡 시기였다. 월세 20만 원으로 신혼생활을 시작한 우리에겐 이제 막 마련한 재건축 빌라의 대출금 이자를 갚기도 버거웠다. 당시 2금융권(1금융권에서는 대출 가능 금액이 적어서 2금융권 은행을 이용했다) 이자가 8%였으니, 아이 이름으로 저축을 한다는 건 언감생심, 쳐다볼 수 없는 나무였다.

하지만 나는 호시탐탐 기회를 노렸고, 2012년 틈틈이 시작한 강사 일로 조금의 수입이 생겼다. 고민할 것도 없이 덜컥 둘째 아이의 변액연금보험 상품에 가입했다. 만약을 대비해서 두 아이의 상품은 서로 다른 회사에 각각 가입했다.

복리의 핵심은 꾸준함이다. 마음의 여유를 갖고 기다려야 하며, 중도에 해지하게 되면 오히려 손해다. 자동이체가 되도록 해놓고 잊고 있으면 시간은 간다. 가끔 메일로 오는 상품설명서를 보며 체크만 하면 될 일이다. 7년까지만 해도 손해였다. 그럴 것이 운용사의 운용비용이 나가기 때문이다. 이것이 7년을 지나면서 수익으로 돌아서게 되는 시점이 온다. 이 글을 쓰며 얼마 전 상품설명서를 찾아보았다.

큰아이의 경우, 2007년 5월에 가입해서 매달 10만 원씩 얼마 전까지 13년 동안 총 171회를 냈다. 납부 총액은 17,100,000원이고 환급률은 126.4%가 되었다. 해지 환급금을 살펴보니 21,500,542원이다. 이자만 26.4%, 4,400,542원이다.

둘째 아이의 경우, 2012년 12월에 가입해서 매달 10만 원씩 얼마 전까지 8년 동안 총 104회를 납입했다. 납입 총액은 10,400,000원이고 환급률은 115.9%가 되었다. 해지 환급금은 현재 12,118,932원이다. 이자만 15.9%, 1,718,932원이다. 10년이라는 세월이 흘렀는데 이자가 적은 거 아니냐고 묻는 이도 있을 것이다. 하지만 지금 은행 저축 이자는 단리로 1%다.

첫째의 연금저축 펀드 수익률

2007년 5월 ~ 2021년 7월

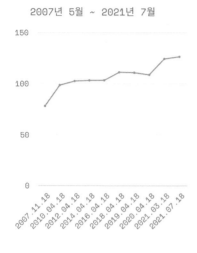

둘째의 연금저축 펀드 수익률

2012년 12월 ~ 2021년 7월

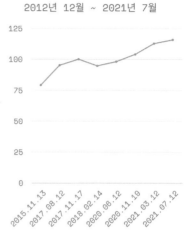

두 아이의 복리를 따져보고 우리 부부는 뿌듯했다. 이렇게 모으지 않았다면 커피값으로, 고급 음식으로, 또는 계절마다 바꿔 입는 옷으로 사라질 돈이었는데, 이자는 제외하고라도 아이들이 무엇이라도 할 수 있는 종잣돈이 마련된 것이다. 처음 복리를 시작하고자 했을 때의 마음은 세 가지였다.

첫째, 학원비를 아낀다 생각하고 모아보자.

학원을 갈 생각이면 어디서든 열심히 할 수 있다. 정말 필요해서 학원을 보내달라고 떼를 쓰지 않는 한은 자기 주도 학습을 할 수 있도록 가르쳐보자고 생각했다. 학원비는 한 과목당 20만 원 전후의 비용이 든다. 물론 편차가 있지만, 학원에서 이렇게 세 과목을 보충한다고 했을 때, 적게는 60만 원, 많게는 90만 원 이상이 든다. 학원을 가지 않는다면, 이것만 모아도 1년이면 660만 원이고, 중·고등학교 6년 동안 3,960만 원이다. 하지만 이렇게 소비될 비용을 아껴 매달 10만 원씩 모으고 있다.

둘째, 종잣돈을 모으자.

워런 버핏이 복리의 마법으로 세계 3대 부자가 될 수 있었던 것은 11살 때부터 투자에 관심을 가졌기 때문이다. 투자의 기반은 종잣돈이다. 유대인들은 성인식을 하는 13살에 축하와 함께 축의금을 준다. 이때 모은 축의금 종잣돈은 경제 독립을 이루라는 뜻이라고 한다. 경제 관념을 일찍부터 가르쳤기에 유대인 중에 세계적인 부호가 많은 것이다. 하지만 우리나라의 경우, 근면 성실하고 머리도 뛰어나지만, 돈에 대해 가르치지 않는다고 자산 운용가 존리는 말한다.

우리 부부가 학원비를 아껴 아이 이름으로 돈을 모으는 것은 종잣돈을 만들어 아이의 성인식 때 경제적으로 독립할 수 있도록 축하 선물로 주고 싶기 때문이다. 자녀에게 이유 없이 사업 자금을 대준다거나, 전 재산을 상속하거나 하는 일은 없을 것이다. 결국, 다른 아이들보다 조금 덜 소비하고 모아서 더 큰일에 쓰도록 하기 위함이다. 그동안은 펀드가 어떻게 운용되는지 아이에게 공유해 관심을 두도록 했다.

셋째, 단리로 저축하면 필요할 때 쓸 일이 생기니 아예 묶어두자.

보통 은행에 저축이나 적금을 하면 필요할 때 찾아 쓰게 된다. 꼭 써야 할 때라 해도 찾을 수 없다면 어떻게라도 버틸 것이다. 내 주변에도 적금이나 보험을 들었다가 중도에 해지하는 바람에 손해 나는 경우를 종종 본다. 찾을 수 없다면 어쩔 수 없이 참게 된다. 중도에 해지하면 손해날 것을 알기에 버텨낼 수 있었다.

이렇게 시작한 복리의 마법은 저축뿐만 아니라 우리 가정의 생활에 자연스럽게 눈덩이가 되었다. 내 돈이 복리가 되어 종잣돈을 모으기 위해서는 꾸준함이 답이다. 아이가 자라는 동안 종잣돈도 몸을 부풀릴 것이다.

04

자녀가 미래를 위해
준비하는 종잣돈

저금통

세 개의 저금통을 준비해 모으기, 쓰기, 나누기를 꾸준히 실천한
다.

저축

세 개의 저금통에 모은 돈으로 세 개의 통장을 준비해 지속해서
관리한다. 장기적인 관리가 필요한 목적 자금이나 종잣돈을 위해
서는 금리가 낮은 은행보다는 주식이나 펀드로 운용하는 것이 돈을
불리는 방법이다.

주식

코로나19로 사회적 거리 두기가 장기화되자 직장인들은 돈 쓸 기회가 줄었다. 지속하는 경기 침체와 정부의 경기부양책으로 대출 금리는 낮아지고, 은행에 저축해도 이자는커녕 손해를 볼 판이다. 갈 길 잃은 투자자들이 아파트를 사들이고, 주식에 투자한다. 불안 심리를 느낀 젊은이들까지 아파트 살 기회가 없을 것 같다며 영끌해(영혼까지 끌어모아) 아파트를 사고, 돈을 빌리면서까지 주식을 산다. 이런 현상은 1금융권 대출이자가 2%대까지 떨어졌기 때문이다. 지금까지 이렇게 낮은 이자는 없었다.

월급만으로는 아파트 한 채를 마련하는 것도 불가능하다 보니 내 집 마련이나 재산 증식을 위해 주식에 투자하고 있으며, 수익을 위해 대출을 받아서까지 투자에 나서고 있다.

주식에 투자하는 것이 어디 어른들뿐인가? 금융 교육이 뒤처진 학교 교육 대신 경제 교육을 시작해야겠다며 아이에게 주식을 사주는 부모도 늘고 있다. 취업난과 집값 폭등을 온몸으로 겪은 부모는 투자 목적뿐만 아니라 주식으로 금융 조기 교육에 나섰다고 한다. 지난 2020년 1월부터 2021년 1월까지 미성년자의 신설 계좌 수를 (국내 7개 증권사) 모아보니 36만 개를 넘어섰다고 한다(출처 : sbs 뉴스. 2021. 2. 23).

하지만 자녀의 주식 투자, 이대로 괜찮을까? 부모가 필요를 느껴 자녀에게 돈을 주며 주식 투자하도록 하는 것을 잘못이라고 말하는 것이 아니다. 자녀가 올바른 경제 습관을 지니고 향후 금융관리를 제대로 할 수 있게 하려면, 주식 투자에 앞서 우선시해야 할 것이 있다. 먼저 경제에 대한 사고방식을 갖출 수 있도록 하는 것이다.

미국 재정전문가 베스 코블리너(Beth Kobliner)는 《아이를 위한 돈의 감각》에서 "제품을 만드는 데는 자금이 필요하고, 자금을 조달하기 위해 많은 회사가 주식이라는 것을 판다. 사람들이 주식을 구매할 때 이 회사에 투자하는 것이고, 이는 그 회사의 일부를 소유하는 행위다. 초등 자녀가 당장 할 수 있는 게 별로 없겠지만, 주식을 구매하는 행위가 재정적으로 어떤 의미가 있는지 큰 그림을 그릴 수 있다는 게 중요하다"라고 했다.

이와 더불어 내가 덧붙이고 싶은 것은 주식을 사주기에 앞서 생산, 소비, 저축 등 돈의 흐름을 확실히 일깨워주고, 용돈 교육의 기본인 모으기, 쓰기, 나누기를 실천한 후, 주식을 지도하는 것이 올바른 금융 경제를 가르칠 수 있는 지름길이라는 것이다.

돈에 대한 이해 없이 쉽게 돈을 벌겠다는 생각은 위험하다. 부모가 자식에게 주는 사랑도 투자 아닌가? 의식주를 제공하고 사랑으로 오랜 시간 가르치며 정성을 투자하는 거다. 이런 정성을 한두 해 제공하고 성품이 바른 어른이 되길 바라는 것은 욕심에 불과하다. 주식 또한 한 회사가 올바로 세워지고 장기간 투자함으로써 투자자에게 성장한 만큼의 돈을 되돌려주는 것이다. 주식이나 펀드를 아이에게 줄 때, 투자자로서 주는 것임을 명심하도록 한다. 투자에 따라 수익이 났다면 배당은 당당히 요구하자. 큰돈이 아닐지라도 아이가 자라는 동안 용돈을 준 것처럼, 아이도 투자한 것에 대한 배당금으로 부모에게 용돈을 주는 개념이라면 어떤가? 결국, 이 용돈은 손자에게 또 투자하겠지만 말이다.

짧은 기간, 사고파는 투기를 가르치고 싶은 부모는 없을 것이다. 그렇다면 부모가 주식을 사주기보다 자녀 스스로 마련하도록 하는 방법을 추천한다. 아이가 어떻게 주식 살 돈을 마련하느냐고 반문하겠지만 방법은 간단하다.

세 가지로 제안하고자 한다.

첫 번째는 명절에 받은 용돈을 주식이나 펀드에 투자하는 것이다.

보통 아이들은 1년 중 가장 큰돈을 설날에 세뱃돈으로 받는다. 이 돈을 사고 싶은 것에 사용하는 것도 좋지만, 일부 또는 전부를 주식 투자에 사용하자. 최소 10살부터 시작했다면, 10년 동안 장기 투자로 갈 수 있다. 장기 투자는 기업이 성장했을 때 그만큼 수익을 낼 수 있고, 아이가 성인이 되었을 때 목적 자금으로 사용할 수 있다.

두 번째는 자녀에게 주는 용돈의 일부 금액을 주식에 투자하는 것이다.

한 달에 5만 원을 받는다고 가정하자. 이 중 15,000원을 꾸준히 주식에 투자한다면, 첫 번째 방법과 마찬가지로 장기 투자로 이어져 수익을 높일 수 있다. 15,000원으로 살 주식이 없다면 몇 달 모아서 사면 된다.

세 번째는 주식 투자에 목적을 가지고 아이가 홈 알바를 통해 용돈 번 것을 주식에 투자하도록 하는 것이다.

이때는 용돈을 모으되, 일정 금액을 나누어 꾸준히 주식에 투자하는 것이다. 달걀을 한 바구니에 담았을 때의 상황을 설명하며, 한곳에 했을 때의 위험성을 말해주고 손해가 난 경우 돈을 크게 잃을 수 있다는 설명과 함께 분산 투자의 중요성을 말해야 한다. 따라서 주식과 은행 저축 등 용돈을 여러 곳에 분산해야 함을 반드시 가르치도록 한다.

주식 투자를 하는 경우, 자녀와 함께 경제와 관련된 신문, 뉴스, 도서를 찾아보고 의견도 나누며 자녀의 의견이 반영되도록 하는 것이 매우 중요하다. 자칫 주식의 열풍으로 로또를 바라는 삶의 지향이 생기지 않도록 특별히 주의하자. 주식 또한, 오르고 내리는 게 이치다. 대출을 이용해 주식을 사는 것은 바람직하지 않으며, 저축할 여유자금을 이용해서 해야 한다. 주식 열풍을 무조건 따라 하기보다 느리게 가더라도 올바른 경제 습관을 키우는 것이 목적이 되어야 한다.

사실 매일 주식 시장의 데이터를 확인하고 매도와 매수를 신경

써야 하는 일은 직장을 다니는 어른에게도 쉬운 일은 아니다. 청소년의 경우, 더욱 시간 내기가 어렵다. 5년 이상 묶어두는 ETF 상품이나 펀드를 추천한다. 은행이나 운용사에서 관리해주고 지속해서 알림 메시지도 받을 수 있다. 요즘은 데이터가 상세히 안내되어 편리하다. ETF(Exchange Traded Fund)는 여러 종목을 묶어 투자하는 방식으로, 주식처럼 직접 투자하는 것보다는 안정적이라는 평가를 받고 있다. 금액과 기간은 형편에 맞게 가입하면 된다. 운용사에서 관리해주지만 원금 손실이 있을 수 있으니 꼼꼼히 따져보고 모니터링해야만 내 돈을 지킬 수 있다.

용돈 꿀팁 : 용돈으로 주식 투자하는 아이

'부모가 사주는 주식이 아닌, 아이의 용돈으로 주식 투자하면 어떨까?' 하는 생각으로 '10대로 번진 주식 열풍, 잘 활용한다면 종잣돈의 초석이 된다'라는 글을 브런치에 게시했다. 내 주변에서는 "아이가 주식을 한다고? 자기 용돈으로 가능하겠어?"라며 강한 의문을 가질 무렵이었는데 《일 잘하는 사람은 글을 잘 씁니다》의 김선 작가는 댓글로 '자녀가 실제 용돈으로 주식에 투자하고 있다' 며 오히려 어른들이 아이의 똘똘한 경제 이야기를 들으며 당황했다고 경험을 들려주었다. 아이가 가치 투자를 위해 회사를 고르고 투자하는 과정에는 많은 고민이 있었을 것이다. 자신의 의견을 당차게 개진하며 미래를 준비하는 아이의 모습에 나 또한 특급칭찬을 했다. 자기의 미래를 고민하며 종잣돈 마련을 위해 용돈을 투자하고 관리하는 김현 어린이의 용돈 투자 에피소드를 소개하고자 한다.

[에피소드 1.]
초등학교 4학년 아이가 교회 선생님과 줌으로 새해 계획을 이야기할 때였다.
선생님 : "현이는 올해 어떤 계획이 있니?"
아 들 : "올해 삼성전자가 11만 원까지 오를 수도 있을 것 같아요. 그래서 삼성전자
　　　　에 투자하려고 해요."
옆에서 듣고 있던 엄마와 줌으로 대화를 하던 선생님도 당황했다고 한다.
선생님 : "그래. 현이가 주식에 관심이 많구나?"
선생님은 대화를 급하게 마무리를 했다. 아마 초등학교 4학년 아이의 말에서 주식
이야기가 나올 줄은 몰랐던 것이다.

[에피소드 2.]
아빠 : "오늘 용돈을 받았는데 어디 투자할 거니? 지금 받은 용돈으로 기아차, 대
　　　　한항공, 삼성전자를 살 수 있을 것 같은데?"
아들 : "삼성은 잘 떨어지지도 않지만, 잘 오르지도 않는 것 같아요. 기아차를 살게
　　　　요."
아빠 : "그런 정보를 어디서 들었니?"
아들 : "엄마 유튜브 방송 볼 때 들었어요!"

이 어린이는 자신의 생각이 확고하고 자신감이 넘친다. 자신의 미래를
스스로 선택해서 설계할 수 있는 힘이 느껴져 놀랐다.

05

부부를 위한
노후 종잣돈

아이는 부모를 보며 자란다고 한다. 넉넉하지 않은 부모를 둔 우리 부부는 경제 독립을 위해 체계적인 계획이 필요하다고 생각했다. 결혼식을 위해 지출하는 비용이 아깝게 느껴졌고, 한 번 멋진 이벤트로 사라질 비용을 아껴서라도 월세 보증금에 보태야 했다. 결국, 가전과 가구를 최소화하기로 하고 신혼살림에서 아낀 700만 원을 월세 보증금에 보탰다.

그렇게 시작된 경제 독립의 몸부림은 허름한 재건축 빌라를 사는 것으로 내 집 마련의 초석을 다졌다. 우리가 마련한 재건축 빌라는 신혼부부가 살기에는, 특히 어린 아기를 데리고 살기에는 매우 열악한 환경이었다. 지하에서 올라오는 곰팡이 냄새, 한밤중 윗집에서 들려오는 화장실 물소리, 낡은 보일러 배관이 누수되어 주방

바닥을 들어내야 했던 공사, 툭하면 막히는 하수도 등.

하지만 그 빌라가 우리 경제 독립의 초석이 될 것을 믿었기에 주변의 오일장에서 저렴하게 농산물을 구매하고 생활비를 아끼며 견뎌냈다.

저축

은행 이자가 1%대가 나오니 실질적으로 적금은 따로 들지 않는다. 500만 원을 1년간 적금해도 이자가 10만 원도 안 된다. 여기에 수수료까지 물어가며 저축할 이유는 없다. 저축은 은행 거래를 위한 최소한만 보유하고 포트폴리오를 계획해 보험·펀드·부동산에 분산 투자하고 있다. 실질적으로 빠듯하게 투자에 임하다 보니 저축할 비용의 여유가 없다. 하지만 목적에 맞게 모으기, 쓰기, 나누기 세 개의 통장을 관리하며, 종잣돈 마련을 위한 저축 통장 관리는 꾸준히 해야 한다.

보험

우리 부부는 각각 생명보험, 실비보험, 운전자보험, 자동차보험, 치아보험에 가입했다. 비용이 큰 적립형보다는 소멸형으로 가입해 가입 비용을 최소화했다. 내게 "적립형이 더 좋은 것 아니냐?"라고 질문하시는 분도 있다. 물론 자금의 여유가 된다면, 적립형도 괜찮겠지만, 수익이 크지 않으므로 소멸형으로 가입하고, 적립할 비용은 펀드나 다른 투자처를 알아보는 것이 더 유익하다고 판단했다. 비용을 줄이려면 하루라도 더 일찍, 아프지 않을 때 젊은 시절에 가입하길 추천한다. 한 곳이라도 아프고 나면 보험수가는 올라가고 가입이 안 되기도 한다. 물론 유병자로 가입할 수 있지만, 가입금액이 두 배로 올라간다.

지금은 많은 사람들이 자동차보험을 기본으로 가입하지만, 아직도 쓸데없이 나가는 비용이라 생각해 가입하지 않은 경우도 종종 볼 수 있다. 하지만 보험은 아플 때나 사고가 났을 때, 보상금을 왕창 받는 것이 목적이 아니라, 보험이 대리로 내 병원비와 사고 비용을 갚아주기에 목돈이 나가는 것을 대비하는 것이다. 실제로 아버지가 30년 전, 운전을 하다 도롯가 집의 담을 들이받는 사고가 났다. 다행히 사람은 다치지 않았지만 담이 무너졌고, 그 집의 컴퓨터가 꺼지는 바람에 저장된 자료를 모두 잃었다며 높은 보상금을 요구했다. 30년 전 기준에서 2,000만 원은 너무 과한 금액이었지만, 보험 가입 금액이 최저였기에 보상금은 턱없이 모자랐다. 벌금도 내야 했기에 결국 2,000만 원을 대출해 보상하고 합의할 수밖에 없었다. 가난한 살림에 마음껏 먹지도, 입지도 못하고 등골 빠지게 일했지만, 목돈이 없어 대출로 감당할 수밖에 없었다. 후회가 되었지만 이미 늦었다. 아버지는 소 잃고 외양간 고치듯 다음에는 보험

적용을 크게 가입하셨다. 하지만 자동차보험에는 불필요한 항목도 있으니 내게 맞는 상품으로 잘 따져보고 가입하자.

주식

그동안 아이들과 함께 용돈 교육과 내 집 마련을 위한 투자를 하면서도 부동산, 펀드, 보험에 선택과 집중을 했기에 주식에는 미처 손을 뻗지 못했다. 자산을 불리는 방법으로 주식의 효과는 잘 알려져 있지만, 주식은 많은 시간 투자가 필요하기에 조금씩 시작해 보려고 지금은 공부하는 단계다. 만약 주식을 시작한다면 성장 가치주를 사고 장기 투자할 것이다. 1957년 10월 〈포춘(Fortune)〉지에 미국 부자 명단 1위에 올랐던 J. 폴 게티에게 배워보자.

<폴 게티가 경험으로 알려주는 주식 투자 요령>
① 투기가 아닌 투자를 위해 주식을 사라.
② 모두가 매도할 때 싼값에 사서 모두 매수할 때까지 잡고 있어라. 산발적으로 오르내리는 것은 무시하라.
③ 근거 없는 시류에 휩쓸려 두려움의 '나무'만 보지 말고 잠재적인 이익의 '숲'을 보라.
④ 주요 증권거래소에 상장된 보통주를 사라.
⑤ 발행한 회사에 대해서 가능한 한 많이 알기 전에는 주식을 사지

마라.

⑥ 투자할 회사의 제품이나 그 특정 산업 자체가 미래의 필요에 발맞추어나갈 능력을 갖췄는지, 몇 년 안에 구식이 되어버리는 일은 없을 것이라 확신할 수 있는지 확인하라.

⑦ 증권거래소 시가보다 환금순자산(순수 청산가치)이 높은 주식에 투자하라.

⑧ 견실한 주식을 가지고 있다면, 주가가 미끄러지더라도 당황해서 투매하지 마라.

⑨ 눈먼 투기꾼과 아마추어의 손에서 놀아나지 않도록 군중심리를 잘 파악하라.

펀드

아이들의 펀드 상품을 10년 넘게 살펴보니 장기간으로 갔을 때, 은행 저축 이자보다 훨씬 이득이 크다는 것을 몸소 느끼게 되었다. 사실 주변에 복리 상품에 가입했다거나 복리 이자로 불리고 있다는 사람이 없어서 복리가 정말 어떤 이득을 가져다주는지 알 수가 없었다. 아이의 펀드 상품도 7년이 넘어가기 전까지는 잘한 선택이 맞는지 의심이 들었지만, (운용비 지출로 적자를 기록했기에) 그동안의 납부액이 아까워 해지하지 않았고, 수익이 나는 시점을 경험해보고 싶었다. 한편으로는 세계 유명자산가들이 말하는 복리 마법이 내게도 존재하는지 증명해보고 싶은 마음도 있었다. 물론 나는 보험사나 은행을 홍보할 마음은 없기에 굳이 이 지면에 내가 가입한 상품의 회사를 언급하지는 않겠다. 아이 이름으로 가입한 펀드 상품이 복리 수익으로 돌아서자 조금의 여유가 된다면, 부부를 위한 연금형 펀드 상품도 가입하자고 했다. 그렇게 또 몇 년을 기다리다 매달 조금의 여유자금이 생겨 부부를 위해 은행 연금 복리 상품에 가입했다. 매달 20만 원씩 내는 상품으로 가입한 지가 엊그제 같은데 벌써 3년이 되어간다. 시간이 참 빠르다. 7년, 10년 먼 미래 같지만 금방 온다.

부부를 위한 연금은 국민연금, 퇴직연금, 개인연금으로 탄탄히 준비하자. 원금을 까먹지 않고도 여유로운 노후를 누릴 수 있다.

이런 경험을 바탕으로 주변 지인에게 펀드나 주식에 장기 투자하라고 조언을 해주는 경우가 많다. 들을 당시에는, 모두 고개를 끄덕이지만, 실행을 하지 않다가 시간이 지나고 나면 '그때 가입할 걸…' 하고 후회한다. 10년 동안 모은 아이의 펀드 수익률을 공개하니 모두들 놀랍다, 부럽다며 "가입해야지" 말만 할 뿐, 실행에 옮기는 이는 없다. 물론 여유가 안 된다는 거 안다. 하지만 주위를 둘러보면 필요 없이 소비되는 것이 적어도 한두 가지는 있다. 그것만 정리해도 매달 10만 원은 있으나 없으나 지장이 없는 금액이다. 물론 10만 원이 없어 밥을 굶는 경우라면 예외지만 말이다. 몹시 어려운 상황이 아니라면 고기 한 번 덜 먹고, 커피 한 잔 덜 마시면 된다.

이것 또한 뼈를 깎는 아픔인 것은 사실이지만 내 미래를 위해 이 정도 아픔은 참아보자.

부동산

내가 경제에 눈을 뜨기 시작한 것은 집 때문이다. 신혼집을 구하려고 비가 쏟아지던 날, 산본 신도시를 찾아 헤맸다. 산본은 남편과 내 직장의 중간 위치였다. 신혼이라 조금 깔끔한 오피스텔에서 시작하고 싶었지만, 오피스텔은 월세가 35만 원, 다세대 주택은 20만 원이었다. 같은 평수인데 15만 원이나 차이가 나다니, 자본주의에 살고 있음이 절실히 느껴졌다. 여기에 오피스텔은 관리비도 무시할 수 없었다. 우리는 두 눈 딱 감고 외형보다 실익을 위해 다세대주택을 선택했다. 가진 것 없는 신혼이지만, 미래를 꿈꿀 수 있어 행복했다. 하지만 내 집이 아니었기에 아이가 태어나기라도 한다면 주인 집과 다른 세대에 지장을 줄 것이 뻔했고, 좁은 방에는 아이 살림이 들어올 자리조차 없었다. 자연스럽게 내 집을 생각하게 되었지만, 목돈이 없었기에 아파트는 꿈조차 꿀 수 없었다. 점점 경기 외곽에 눈을 돌리게 되었고, 허름한 재건축 빌라를 살 수 있었다. 하늘이 도왔는지, 마침 남편의 이직으로 퇴직금과 몇 년째 돌려받지 못한 체불 임금까지 받게 되어 조금의 목돈을 마련할 수 있었다. 임신 6개월, 곧 태어날 아이가 마음껏 울어도 되는 내 집으로 이사했다. 담이 무너질 듯 허름한 빌라였지만, 우리 부부에게는 최선의 선택이었다. 이후 낡은 빌라에서의 탈출을 꿈꾸며 대출금을 차곡차곡 갚아나갔고, 모두가 꿈꾸는 전원주택을 건축해 삶의 여유를 가지며 살고 있다.

만약 지금 누리는 삶의 여유에 만족하며 안주했다면, 나는 이 책을 쓰지 못했을 것이다. 하지만 또 다른 부동산에 투자하며 미래를 계획하다 보니 더 많은 경제 시장을 알게 되었다. 가진 것이 없다고 미리 포기하는 이에게도 티끌 모아 기회를 노리며 한 계단씩 올라갈 수 있는 경제 지혜를 나누고 싶다.

부동산도 마찬가지다. 분산 투자를 하며 티끌을 모으는 일이 기본이다. 물론 티끌 모을 동안 부동산 가격은 계속 올라가지만, 부동산을 매입하기 위해서는 최소한의 목돈이 필요하다. 마중물로 사용할 목돈 마련을 위해서는 아끼고 모으며 기다리는 수밖에 없다. 마냥 넋 놓고 기다리지 말고 주변 시세도 알아보며 내가 살 곳, 혹은 가치 있는 부동산이 어떤 것인지, 시세는 어떤지 꾸준히 알아보아야 한다.

부동산 사장님과 친분을 쌓고 함께 커피라도 마시며 현재 돌아가는 상황을 예의 주시하자. 내가 매입할 수 있는 집의 위치는 어떤지, 어느 정도의 돈이 필요한지, 대출은 얼마나 가능한지, 내가 감당할 수 있는 이자는 어느 정도 되는지 점검하며 한 걸음씩 단계를 올라가면 된다. 처음부터 넓고 좋은 위치의 부동산을 소유하려고 하는 것은 욕심이다. 욕심을 내려놓고 작은 것부터 시작하자. 빌라를 매입할 때는 주거 편리성을 꼼꼼히 따져야 한다. 매수는 쉬워도 매도가 어려운 곳도 있다. 물론 아파트도 입주 조건을 잘 따져야 한다. 나의 경우, 방 2칸의 월세 – 24평 빌라 –2층 전원주택 – 추가 부동산으로 확장했다.

집에 대해 다소 부정적인 생각을 하는 이도 있을 것이다. '인구도 줄고 집값 떨어질 텐데, 내 집이 꼭 필요할까?'라고 말이다. 전세든 월세든 내 집이든 선택은 각자의 몫이다. 내 경험으로는 대출을 받았을지라도 대출금은 남의 돈이니 갚기 위해 어금니 깨물고 살아왔다. 대출받았던 돈을 모두 갚고 나서야 그것은 내 재산이 되었고, 집값은 저축으로 불가능한 가격 상승이 있었다. 이런 과정이 없었다면 현재를 즐기며 여전히 남의 집에 살았을 것이다. 하지만 집은 미래에 생산활동을 할 수 없을 때가 오면 또 다른 수익형으로 돌릴 수 있기에 노년의 경제 불안을 덜어준다. 나이가 들면 집 월세를 받으며 자식에게 부담이 되지 않고 살아갈 수 있는 밑천이 되는 것이다. 노년에는 건강 유지 비용이 많이 든다. 개미처럼 젊은 시절 열심히 모아 노년에 건강 유지 비용으로 쓸 수 있다면, 아픔의 설움이 그나마 위로가 될 터다.

06

열매를 얻으려면
겨울 서릿발도 견뎌라

나는 10평 남짓한 텃밭을 가꾸고 있다. 어릴 적, 시골 너른 땅에서 태풍, 장마에 쓸려 내려가는 농작물을 자식 키우듯 살리는 부모를 보고 자란 터라 10평 가꾸는 일이야 누워서 떡 먹기라고 생각했다. 반면 남편은 쌀이 '쌀 나무'에서 열매처럼 주렁주렁 자라는 줄 알고 자란 서울 토박이다. 친정에서 어깨너머로 배운 농사 지식을 텃밭에 고스란히 쏟아 유기농으로 잘 가꿔보려고 했다. 하지만 내 생각은 오산이었다. 날아드는 벌레와 스스로 생겨나는 듯 보이는 진드기들은 유기농의 꿈을 여실히 짓밟았다. 벌레를 하나씩 잡아가며 사투를 벌이길 5년쯤 지나고 나니 열매를 얻기 위해 가장 중요한 것이 무엇인지 알게 되었다.

《정원가의 열두 달》에서 카렐 차페크(Karel Capek)는 "진정한 정원가란 '꽃을 가꾸는 사람'이 아니라 '흙을 가꾸는 사람'이라고 했다. 정원가는 집요하게 땅을 파내어 흙 속에 무엇이 깃들어 있는지를 게으른 사람들의 눈앞에 척 내보이는 존재다. 그들은 땅에 파묻혀 살아가며 퇴비 더미 위에 공적비를 세워 올린다고 했다.

나는 왜 5년이나 걸려 이것을 깨달았을까? 여러 해 경험을 살려 텃밭을 가꾼 것이 카렐 차페크와 같은 결론에 도달하게 된 것이다. 가드닝의 기술은 꽃을 잘 돌보는 것보다 '흙을 가꾸는 사람'에 있었다.

우리 부부는 텃밭을 가꿀 때 대단한 수확을 바라지 않는다. 그저 농약을 한 번이라도 덜 치고, 요리하며 나온 음식물을 쓰레기가 아닌 퇴비로서의 가치로 만들기 위해 음식물 남은 것에 흙을 섞어가며 모은다. 모아놓은 음식물 퇴비는 다음 농작물 키울 때 땅에 섞고 도톰하게 밭이랑을 만든 다음, 모종을 그 위에 심는다. 밭이랑이 날씬하다 못해 빈약해 보여 남편에게 말해도 평평하거나 날씬하게 만들더니 올해는 어쩐 일인지 흙을 높게 올려 통통하게 했다. 잘 만들어진 이랑만 봐도 어릴 적 보았던 부모님이 만드신 밭이랑이 떠올라 미소가 지어졌다.

듬뿍 섞은 퇴비와 이랑 덕분이었을까? 올봄에 2평 남짓한 크기에 심은 쌈채를 수확해 종류별로 가지런히 담아 지인들에게 열 박스나 선물했다. 그 어느 해보다 싱싱하고 도톰한 쌈채를 겉절이, 고기쌈, 비빔국수, 도토리 묵무침에 듬뿍 넣어 아이들도 입안 가득 채소를 반겼다. 먹어도 먹어도 또 자라나는 채소들을 보며 마냥 행복했다. 때로는 "이 많은 것을 마트에서 사면 돈이 얼마야?" 하며 감탄했다.

올봄, 작황 부진과 조류인플루엔자 영향으로 농·축·수산물 가격은 상승했고, 특히 파 가격은 1년 전보다 세 배 넘게 치솟았다고 한다. 26년 11개월 만에 최고 상승률이었다고 한다. 조림이나 고기볶음을 좋아하는 아이들을 위해 파를 듬뿍 넣어야 제맛인데 한 단에 5,000원, 7,000원 하던 대파를 들었다 놨다 몇 번이나 망설였는지 모른다. 오죽하면 파테크가 유행할 정도였다. 대파값의 고공행진에 대파 모종을 사서 심었다. 잘 자란 대파를 보면 뿌듯한 마음을 감출 수 없다. 물론 여름이 되면서 대파 값은 주춤하며 제 가격으로 돌아왔다.

이상기후와 천재지변으로 인한 농산물 가격 고공행진은 대파만의 이야기가 아니다. 2020년 여름의 배춧값 폭등은 한 포기에 만 원을 부르며 김치 없이 못 산다는 대한민국 사람에게 그 어느 때보다 위협적이었다. 이러한 상황을 여러 번 겪다 보니 이젠 한 평 텃밭이라도 가꾸고 있어야 내 가족이 먹을 채소를 해결할 수 있을 것 같다. 먹거리에 대한 불안으로 앞으로 텃밭도 하나의 투자 형태로 자리 잡지 않을까 싶다. 텃밭에 채소라도 몇 가지 심어놓으면 농산물 가격이 상승하더라도 조금은 안심이 되니 말이다.

실제로 환경 오염을 줄이기 위해 로컬푸드에 관심이 커지면서 아파트형 농장에 관한 연구도 이루어지고 있다. 아파트형 건물 안에서 재배되니 농사에 영향을 주는 온도·습도·빛·농업용수 등의 조건을 통제할 수 있다고 한다. 그렇다 하더라도 인공적인 환경에서의 재배보다는 자연적인 재배 방식을 선호하다 보니 세상에 없던 바이러스가 생겨나는 이 시점에 내 가족의 미래 먹거리를 위해 텃밭 투자 붐이 일어나지 않을까 상상해본다. 텃밭 투자 붐이 아니더라도 카렐 차페크와 같이 손바닥만 한 정원을 가꾸며 심신을 달래고 싶은 것 또한 많은 사람의 바람이다. 이러한 정서적 안정을 위해서도 소비는 필요하다.

지난날을 돌이켜보니 올바른 소비 습관을 위해 기다려온 시간이 스치듯 지나간다. 봄에는 쏟아지는 햇빛을 맞으며 용돈 교육 씨앗을 심고, 돈의 흐름 경험을 위로 삼아 견딘 여름의 뜨거운 태양, 용돈으로 할 수 있는 마법 같은 일을 거두어들인 가을의 결실들, 추운 겨울 폭설도 견뎌야 하는 미래를 위한 땅의 고충까지…. 이 모든 것이 용돈 교육에 열매를 맺도록 도와준 자양분이다.

영화 《리틀 포레스트》에서 주인공이 양파를 아주 심기 하는 장면이 생각난다. 양파를 심을 때 하는 아주 심기는 모종 심기에서 싹이 자라면 한 번 더 옮겨 심는 방법을 말한다. 모종끼리 옹기종기 모여 있으면 자랄 수 없기 때문이다. 아주 심기를 한 다음 뿌리가 자랄 때까지 보살펴주면 겨울 서릿발에도 뿌리가 마르거나, 얼어 죽지 않고 겨울을 겪어낸 양파는 봄에 심은 양파보다 몇 배나 더 달고 단단하다. 아주 심기는 더는 옮겨 심지 않고 완전하게 심는다는 의미이기도 하다. 바이러스와의 전쟁 속에서 사회적 거리가 힘겹게 느껴지더라도 제대로 성장하기 위한 인간의 아주 심기라 생각하며 지금의 위기를 잘 이겨내길 바란다. 텃밭은 고사하고 한 푼 저금조차 어려운 사람에게는 사회 경제가 겨울 서릿발처럼 매섭고 힘들 것이다. 하지만 미래를 위한 겨울을 잘 견디어낸다면 언젠가는 달콤한 열매를 얻을 수 있으니 조금 더 힘내기를 응원한다.

07

꿈꾸는 아이 &
꿈을 이루는 아이

세상에 꿈꾸는 아이는 많다. 하지만 그 꿈을 이루는 아이는 적다. 그 이유는 안타깝게도 어른들은 아이의 꿈을 존중하지 않기 때문이다. 목표가 오로지 돈을 잘 벌거나 공부 잘하는 것에 초점이 맞춰져 있기 때문이다. 하지만 아이의 꿈을 이루기 위해서는 아이가 원하는 것에 초점이 맞춰져 있어야 한다. 아이의 꿈이 수시로 변해도 부모는 아이를 지지하고 격려해야 한다. 아이 스스로 무엇을 좋아하고 잘하는지 찾기까지는 수없이 많은 실패와 경험이 밑바탕되어야 함에도 한국의 교육현장은 실패와 경험을 견디지 못하고 포기하고 만다.

이 책을 읽고 있는 당신의 어릴 적 꿈은 무엇이었는가? 좋은 차를 몰고 좋은 집에서 살고 싶다는 꿈이었는가? 아니면 대통령, 과학자, 국회의원, 연예인 같은 꿈을 꾸었는가? 꿈을 이루기 위해 부모의 지원이 절실하다고 원망만 하고 있지는 않았는가?

부모님은 내가 어릴 적부터 자식들에게 유산은 한 푼도 없을 것이고, 번 돈은 죽기 전에 모두 쓸 것이라고 늘 말씀하셨다. 그래서인지 자식 중에 그 누구도 부모의 재산을 바라거나 손을 벌리지 않았다. 원망도 있었겠지만, 부모에게 돈을 달라고 떼쓰거나, 지원해 주지 않는다고 어긋난 자식은 없다. 하나같이 없는 살림에 청년기부터 차곡차곡 모아 각자의 삶을 최선을 다해 꾸려왔다.

얼마 전, 아버지가 자식들에게 고마운 마음을 전했다. 모두가 살기 어려운 시기에 부모의 돈만 바라보며 탕진하는 사람이 주변에 여럿이라며 부모의 돈을 탐하거나, 업신여기는 자식이 없음이 참 감사하다고, 인생 괜찮게 살았다고 말이다. 인생의 끝을 바라보는 아버지의 고백은 눈시울을 적시게 할 만큼 마음의 울림으로 남았다.

부모가 미리부터 자녀에게 재산을 척척 주는 것은 물고기를 잡아주는 행위로, 아이를 경제 문맹으로 만드는 지름길이다. 경제 교육은 물고기 잡는 법을 기르는 것이지, 잡아서 먹여주는 것이 아니다. 부모가 자녀에게 먹여주는 일은 쉽다. 하지만 잡는 법을 가르치는 일은 뼈를 깎는 인내가 필요하다. 물고기가 낚싯바늘에 입질이 왔을 때 떡밥만 먹고 사라지는 일도 속상하지만, 견뎌야 하고, 낚싯줄이 끊어지거나 낚싯대가 부러지는 일도 짜증 내지 않고 방법을 찾아야 한다. 아이가 수고했으나 물고기를 잡지 못했을 땐, 부모가 잡은 물고기를 나눠 먹으며 다음에는 잘할 수 있도록 격려해 주는 것이 부모 역할이다.

성경에 달란트 비유가 있다. 주인이 타국에 갈 때, 그 종들에게 각각의 재능대로 첫 번째 사람에게는 금 다섯 달란트를, 두 번째 사람에게는 두 달란트를, 세 번째 사람에게는 한 달란트를 주고 떠났다. 다섯 달란트를 받은 자는 바로 가서 그것으로 장사해 다시 다섯 달란트를 남기고, 두 달란트 받은 자도 그와 같이 해서 두 달란트를 남겼으나 한 달란트 받은 자는 땅을 파고 그 주인의 돈을 감추어두었다. 오랜 시간이 지난 후, 종들의 주인이 돌아와 결산하는 데 첫 번째, 두 번째 종에게는 착하고 충성된 종이라 일컬으며 잘했노라 칭찬했다. 하지만 한 달란트를 땅에 묻어두고 그대로 가져온 종에게는 게으른 종이라 야단치며 심지 않고 거두는 줄 알았냐고 한 달란트를 빼앗아 열 달란트 가진 자에게 주라고 말한다(마태복음 25장 14~30절).

나는 돈을 대할 때나, 재능을 대할 때나, 텃밭을 가꿀 때도 이 성경을 거울처럼 내 마음에 비추어본다. 재능은 사용하지 않고 묻어두면 녹슬고 무뎌진 칼과 같이 된다. 돈도 마찬가지로, 은행에 그대로 묻어두고 있으면 저금리 시대에는 이자조차 받기 어렵다. 땅은 어떤가? 씨앗을 심거나 가꾸지 않으면 잡초만 무성할 뿐, 아무런 열매도 거둘 수 없다.

꿈도 마찬가지다. 꿈을 꾸되, 투자도 하지 않고, 갈고 닦지도 않고, 이루려는 노력조차 하지 않으면, 아무 일도 일어나지 않는다. 꿈을 꾸었다면 꿈을 이룰 수 있도록 투자와 경험과 노력이 동반되어야 한다. 안타까운 일이지만, 개천에서 용이 나는 일은 이제 일어나지 않는다. 그만큼 꿈을 이루거나 원하는 삶을 이루어가기 위해서는 돈이 필요하다. 즉, 꿈을 이루기 위해서 용돈 교육은 필수다. 모으기, 쓰기, 나누기 세 개의 저금통을 실천하며 원하는 것을 이루어가는 자녀의 모습을 바라보는 일은 부모인 내가 성공한 것보다 몇십 배, 아니 몇천 배는 기쁘고 자랑스럽다.

내 아이가,
'꿈만 꾸는 사람이 되길 원하는가?'
'꿈을 이루는 사람이 되길 원하는가?'

내 아이가 꿈을 이루는 사람이 되길 원한다면, 지금 당장 시작하자. 모으기, 쓰기, 나누기 세 개의 용돈 관리 습관으로 당신의 자녀는 상상하지 못할 많은 꿈을 이루게 될 것이라 확신한다.

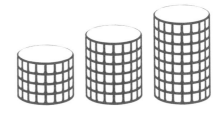

"평범한 아줌마인 내가 용돈 교육을 하는 이유는?"

" 성공한 사람이 아니라
가치 있는 사람이 되기 위해 힘쓰라."
– 알버트 아인슈타인(Albert Einstein)

어느 날 지인이 내게 물었다.

"당신은 왜 그렇게 열심히 살아요?"

평범한 가정의 평범한 엄마인 내가 오리의 발이 물속에서 바쁘게 움직이듯 늘 동동거리며 움직이는 걸 보며 궁금했던가 보다. 나 또한 이런 질문을 받으면 한 번 더 생각하게 된다. 좀 더 자고 좀 더 놀면 되는데, 밤잠 설치며 미래를 생각하고, 새로운 계획을 세우는 나를 발견한다. 왜? 왜?

어릴 적, 나의 부모님은 없는 살림에도 늘 이웃과 친구를 생각했다. 먹을 것이 부족한데도 동네 이웃이 찾아오면 숟가락 하나 더 얹어 대접했고, 내가 먹을 것이 없어도 친구는 후하게 대접했다. 엄마의 맛깔스러운 토종 반찬에 집에는 친지들로 북적였고, 좋은 옷은 못 입어도 이웃과 친구를 대접하는 것은 당연한 듯 여겼다. 사춘기 때는 이런 부모가 밉고, 돈을 모을 줄 모르는 부모라고 원망을 하기도 했다.

농사로 근근이 이어가는 가난한 살림에 어린 내가 위로받은 곳은 교회였다. 스케치북, 노트, 색연필 등 부모도 사주지 못하는 문구를 교회에서는 출석상, 말씀상, 청소상 등등 여러 가지 명목으로 한가득 안겨주었다. 그 당시 어린 마음에 '교회는 돈이 많은가 보다'라고 생각했는데 성인이 되고 보니 어른들이 십시일반 낸 헌금이 나와 같이 어려운 형편의 사람들에게 쓰였음을 알게 되었다. 도움받을 곳 없던 반항기 많은 소녀가 성인이 되어서까지 사랑받은 곳은 교회였다.

한번은 꽁꽁 얼어 동상이 걸린 발 때문에 난롯가에 다가가지 못하자 선생님이 왜 그러냐고 물었다. 동상이 걸려 발이 가려워서 그렇다고 하니 선생님은 나를 목사님께 데려갔다. 대뜸 양말을 벗으라고 하시더니, 꼬질꼬질 때가 낀 발을 아무렇지 않은 듯 만지며 이리저리 살피셨다. 시퍼렇게 멍든 듯 동상 걸린 발에 침을 놓는데 시꺼먼 피가 줄줄 쏟아졌다. 사모님은 옆에서 이렇게 될 때까지 어떻게 견뎠냐며 안타까워하셨다. 죽은 피가 모두 빠지고 나니 언제 그랬냐는 듯 가려움이 가라앉았다. 응급처치가 끝나자마자 부끄러운 마음에 양말을 얼른 신고는 교회를 빠져나왔다. 그 이후 30년이 훌쩍 지난 지금도 나는 그 장면이 머리에서 사라지지 않는다. 피 섞인 가족도 아닌데 사랑이라는 이름으로 보살펴준 분들을 생각하면 가슴이 뭉클해진다.

나는 어떤 존재일까?
나는 어떻게 살까?
나는 무엇을 위해 살까?

내 안에서 끝없이 이어지는 질문의 끝에는 언제나 좋은 만남과 수없이 많이 받아온 사랑이 있었다. 그것은 나를 있게 한 부모와 가족들로부터 시작해 이웃, 친구, 친척들, 학교와 교회, 사회에서 만난 인연들 덕분이었으리라. 지구상에 어찌 나 혼자 존재했겠는가? 나를 있게 한 이 지구상의 모든 것이 감사하다.

7년 전, 경제 교육을 시작할 수 있었던 것은 내게 큰 행운이었다. 그로 인해 용돈 교육과 꾸준함의 법칙이 열매를 더 많이 수확할 수 있게 한다는 진리를 깨닫게 되었다. 자녀를 교육하고자 했던 시도들에 오히려 어른인 나의 부족한 소비 습관을 반성하며 더 많은 것을 배우고 더 많은 꿈을 꾸게 되었다.

우리는 콩 한 쪽도 나눠 먹는 배달의 민족이지만, 콩 한 쪽 나눠 먹기 위해서는 다시 쪼개야 하므로 쉽지 않은 일이다. 만약 두 개의 콩이 있다면, 쪼갤 것도 없이 한 개씩 나눠 먹으면 된다. 콩 한 개가 두 개가 되고, 두 개가 네 개, 여덟 개, 그 이상이 되기 위해서는 용돈 교육이 매우 중요하다. 용돈 교육은 나눌 수 있는 여유가 생기고 나눌 수 있다는 것은 행복한 가치를 선물해준다.

석유부자 폴 게티와 같이 거창하게 미술관 무료 나눔을 할 수는 없지만, 나의 냉장고에서 음식을 나누고, 내 수입의 아주 작은 일부를 나누고, 내가 가진 것을 공유하며 나눔의 물레방아가 되고 싶다.

내 자녀가 세 개의 저금통을 실천했던 것처럼, 나 또한 이 책의 인세를 '50-30-20'의 세 개의 저금통으로 실천하려고 한다. 50%는 나의 미래를 위해 모으기 저금통에, 30%는 내 가족과 이웃을 위해 쓰기 저금통에, 20%는 다시 두 개로 쪼개어 10%는 구제헌금으로 10%는 건강한 입양가정지원센터*에 나눔하려고 한다.

행복은 물레방아다. 내가 행복하기 위해서는 내 가족이 행복해야 하고 친구, 이웃, 이 사회 모두가 행복해야 그 행복이 다시금 내게로 돌아온다. 한 남자의 아내인 동시에 두 아이의 엄마인 평범한 내가 용돈 교육을 하는 이유다. 나도 행복하고 당신도 행복하고 우리 모두 행복하기 바라는 마음, 그 행복을 나누고 싶다.

지금, 여기에서 실천하려고 한다. 내일 생을 마감하더라도 한 점 부끄럼 없이 '지구별 소풍에서 사랑하는 이웃과 나누며 만찬을 즐겼노라'고 신께 고백할 수 있길 소망하며….

*건강한입양가정지원센터(http://www.guncen4u.org)

입양 가족의 탄생에만 초점이 맞춰져왔던 지난 반세기를 지나 입양 가족의 삶의 질, 입양 삼자(입양인, 생부모, 입양 부모)의 성장이 중요한 사후 서비스의 시대가 온 것은 너무 자연스러운 요구라 할 수 있다. 건강한입양가정지원센터는 교육과 상담, 자조 모임과 통합 지원 서비스, 그리고 양질의 입양도서 출간과 소셜 캠페인 등을 통해 입양 삼자의 건강한 성장을 돕고 입양 문화를 균형 있게 세워가는 역할을 하고 있다.

용돈 꿀팁 : Q&A

Q1. 용돈을 받으면 일주일도 지나지 않아 다 써버려요.

A. 처음 용돈 교육을 시작하는 부모가 흔히 겪는 일이다. 용돈 교육을 시작할 때 돈을 먼저 다 써버리면, 나중에 쓸 돈이 없다고 말했음에도 불구하고 이런 일은 언제나 일어난다. 이럴 경우, 무조건 면박을 주거나 혼내기보다 용돈을 다 쓰고 나니 기분이 어떤지 물어본다. 대부분 이미 후회하고 있는 경우가 많다.

이럴 땐 핀잔을 주기보다 공감의 표현을 먼저 한다.

"혁이야! 용돈을 벌써 다 썼구나. 안타깝지만 엄마는 네게 용돈을 더 줄 수가 없어. 용돈이 더 필요하면 홈 알바로 벌어서 쓰거나, 이것이 싫다면 그동안은 용돈 없이 살아보는 거야."

대부분의 아이는 용돈 없이 사는 것을 선택하기보다, 홈 알바를 선택할 것이다. 이때 너무 어려운 일로 미리 지치게 하지 말고 쉬운 일을 맡겨 성취감을 맛보게 하는 것이 좋다. 내 아이가 어려워한다면 주급, 또는 2주 1회로 시도해보고 차츰 기간을 늘려보자.

Q2. 목적 통장은 무슨 용도로 쓰이나요?

A. 아이가 용돈을 받아 스스로 관리하면서 자기가 갖고 싶은 물건을 사는 경험은 더 큰 물건을 사고 싶은 꿈이 생기게 한다. 1~2개월 짧게 걸리는 일이라면 굳이 필요하지 않지만, 6개월, 또는 몇 년이 걸려 모아야 할 필요성이 있을 때, 목적 통장을 만들어 사용하면 좋다. 내 아이들도 미국 여행 통장 목적으로 사용하다가 트럼펫 통장, 액정 타블렛 통장 등 버킷리스트 목적을 달성하기 위한 통장으로 돈을 모았다. 돈을 입금하면 합계를 나타내는 잔액이 표시되므로 얼마가 모였고, 얼마를 더 모아야 하는지 눈으로 확인할 수 있어서 시각적 자극도 되고 모이는 개념이 쉽게 이해된다.

통장에 금액이 찍힐 때마다 한참을 들여다보며 신기해하기도 하고, 돈을 얼마나 더 모아야 할지 계산할 때도 통장을 펼쳐보기도 한다. 통장은 여러 개 개설하기 어려우므로 매번 목적 통장을 만들 수는 없다. 목적에 따라 돈을 모아 사용하고 나면 다시 새로운 목적 통장으로 쓴다.

Q3. 아이 이름으로 통장을 개설할 수 있나요?

A. "아이 이름으로 통장을 만들어본 적이 없는데, 미성년자도 통장 개설이 가능한가요?"

부모로부터 이런 질문을 많이 받는다. 금융 사기가 많아지면서 통장 개설이 까다로워진 것은 사실이다. 한 은행에서 여러 개의 통장을 만들기는 어렵지만, 여러 개의 은행에서 만드는 것은 가능하다. 단 은행마다 차이는 있지만, 계좌 개설 내용이 은행마다 공유되니 한 달의 간격을 주어야 한다. 모으기, 나누기, 쓰기의 통장이 각각 필요하다면 세 개의 은행에서 계좌를 한 개씩 만들어 사용하되, 한 달씩 기간을 두고 은행을 방문하면 된다. 사용 목적에 따라서는 은행에서 두 개까지는 만들 수 있다고 하니 은행 창구에 문의해보자.

필요한 서류는 아래와 같다.

① 자녀 기본증명서 상세 내용
② 가족관계증명서(부모)
③ 자녀 도장
④ 부모 신분증

은행마다 서류는 조금씩 다를 수 있으니 내가 이용하고자 하는 은행 창구에 미리 문의하는 것이 좋다. 서류는 온라인 민원24를 이용할 수 있고, 각 지역 행정복지센터를 이용하면 된다.

개인명의로 통장을 여러 개 갖고 있지 않은 경우도 많다. 요즘은 온라인과 전자금융거래가 보편화되어 굳이 통장이 필요하냐고 묻는 분도 있다. 하지만 통장 거래가 익숙하지 않은 자녀의 경우, 입출금을 눈으로 확인할 수 있도록 통장을 관리해보길 권한다.

Q4. 아이 이름으로 주식을 살 수 있나요?

A. 아이 이름으로도 주식을 살 수 있다. 먼저 필요한 서류를 준비해 부모와 함께 은행을 방문한다. 은행을 연계해 증권 계좌를 발급한다.

① 자녀 기본증명서 상세 내용

② 가족관계증명서(부모)

③ 자녀 도장

④ 부모 신분증

은행 계좌와 증권 계좌를 개설했다면, 인터넷 뱅킹 신청과 자녀 공인인증서를 발급한다. 자녀의 인터넷 뱅킹 입금한도액을 확인하고 증권 계좌로 입금 후, 주식을 매수하거나 매도하면 된다.

참고문헌

《엄마의 의자》_시공주니어_베라 윌리엄스

《차곡차곡 당근 버는 토끼이야기》_웅진주니어_신더스 매클라우드

《똑똑하게 당근 쓰는 토끼이야기》_웅진주니어_신더스 매클라우드

《알뜰살뜰 저금하는 토끼이야기》_웅진주니어_신더스 매클라우드

《한이네 동네 시장이야기》_진선아이_강전희

《작은 벽돌》_그레이트북스_조슈아 데이비드 스타인

《100원 부자》_위즈덤 하우스_방미진

《세 개의 잔》_살림어린이_토니 타운슬리, 마크 세인트 저메인

《내가 가게를 만든다면?》_토토북_김서윤

《내가 은행을 만든다면?》_토토북_권재원

《나 혼자 해볼래 저축하기》_리틀씨앤톡_한라경

《애덤 스미스 아저씨네 경제문구점》_주니어 김영사_예영, 김세연

《금화 한 닢은 어디로 갔을까?》_개암나무_로제 쥐덴

《청소년을 위한 경제학 에세이》_해냄출판사_한진수

《어린이와 청소년을 위한 머니 아이큐》_초록개구리_샌디 도노반, 에릭 브라운

《열두 살에 부자가 된 키라》_을파소_보도 섀퍼

《주식회사 6학년 2반》_다섯수레_석혜원

《세금 내는 아이들》_한국경제신문_옥효진

《레모네이드를 팔아라》_주니어랜덤_ 빌 랜칙

《열일곱의 나눔공작소》_오유아이_박수현

《10대를 위한 경제학 수첩플러스》_아르볼_이완배

《행복한 어른이 되는 돈 사용 설명서》_공명_미나 미노 다다하루

《마시멜로 이야기》_21세기북스_호아킴 데 포사다, 엘렌 싱어

《아들아 돈 공부해야 한다》_알에이치코리아_정선용

《아이는 책임감을 어떻게 배우나》_북라인_포스터 클라인, 짐페이

《용돈 교육의 마법》_예문아카이브_김영옥

《아이를 위한 돈의 감각》_다산에듀_베스 코블리너

《아주 작은 습관의 힘》_비즈니스북스_제임스 클리어

《유대인에게 배우는 부모수업_성안북스_유현심, 서상훈

《공부보다 공부그릇》_더디퍼런스_심정섭

《큰돈은 이렇게 벌어라》_문학사상사_J. 폴 게티

《나의 첫 투자 수업》_트러스트북스_김정환, 김이안

《정원가의 열두 달》_펜연필독약_카렐 차페크

《삶을 위한 수업》_오마이북_마르쿠스 베른센

《내 아이의 부자수업》_한국경제신문_김금선

《유대인 하브루타 경제교육》_매일경제신문사_전성수, 양동일

《창조하는 뇌》_쌤앤파커스_데이비드 이글먼, 앤서니 브란트

서약서

나는 올바른 용돈관리를 위해

모으기, 쓰기, 나누기 저금통을 실천하여

아름답고 가치 있는 삶을 살 것을

서약합니다.

년 월 일

용돈교육은 처음이지 용돈학교

용돈 교육은 처음이지?

제1판 1쇄 | 2021년 10월 19일

지은이 | 고경애
펴낸이 | 유근석
펴낸곳 | 한국경제신문*i*
기획제작 | (주)두드림미디어
책임편집 | 최윤경, 배성분   디자인 | 얼앤똘비악earl_tolbiac@naver.com

주소 | 서울특별시 중구 청파로 463
기획출판팀 | 02-333-3577
E-mail | dodreamedia@naver.com
등록 | 제 2-315(1967. 5. 15)

ISBN 978-89-475-4758-1 (03590)

**책 내용에 관한 궁금증은 표지 앞날개에 있는 저자의 이메일이나
저자의 각종 SNS 연락처로 문의해주시길 바랍니다.**